比稿囉！

設計智囊團全員集合！

四種風格的設計師，拿到相同素材時，會激發出怎樣的火花呢？

Power Design Inc. 著

瑞昇文化

INTRODUCTION

書中的每 1 項主題，
都會列出 4 件合格的設計。
4 名設計師發揮自己的長處，
分別提出充滿個人特色的設計，
帶給讀者變化多端的視覺饗宴。

即便使用同一份素材 & 文案，
每個人想強調的重點、
或是強調方式也不盡相同，
做出來的成品自然大相逕庭。

就算每一件作品都是「OK」的設計案，
能否從多款設計獲得青睞成為「正解」，
還是端看客戶的決定。

當你在設計路上碰到瓶頸，
想不到版面還能玩出什麼花樣，
甚至是與客戶開會中
想討論出設計方向的共識時，
不妨翻開這本書，
讓我們幫助各位找到「正解」。

CHARACTER

叫我桃子就好了

暱稱：桃子

大塚 桃子

PROFILE

性格
大而化之，不拘小節
感性優先，可靠的姊姊型設計師

擅長的設計
以照片為主體，重視視覺效果的設計

請多指教啦！

我們 4 個人
是同期的

大家一起
加油吧

青山 幸輔
暱稱：青山

黃楊 花凜
暱稱：花栗

瀨川 紫恩
暱稱：紫恩

PROFILE

性格
表裡如一的直腸子
行動機敏，工作效率高

擅長的設計
以文字為主體，訴求直接的設計

PROFILE

性格
隨心所欲的和平主義者
喜歡好吃的東西和可愛的動物

擅長的設計
接受度高、平易近人的設計

PROFILE

性格
一絲不苟的穩紮穩打型
熟絡之後會發現他很健談

擅長的設計
對齊工整的方正設計

HOW TO USE

1項主題對應4種不同的設計版面！
用上足足6頁來解說每份設計案想表現的重點

設計師實際在工作時，通常每一個CASE都需要提出多款方案供客戶挑選。有時儘管在多番討論後，做出了完全符合對方起初條件的設計案，對方仍可能覺得「哪裡不太對勁」、「這不是我要的」、「想看看其他版本」，結果只好再重新做一份出來。為了靈活因應這種要求，設計師最好在腦中多準備幾個放點子的抽屜。

本書會針對每1項主題，列出4位設計師各自的設計案，並透過發表的形式來詳細介紹。有的人喜歡放大照片來加強視覺衝擊力，有的人喜歡簡潔有力的表現，也有人喜歡強調標語帶給觀看者的印象，凸顯訊息的分量。雖然大家使用同樣的素材、同樣的文案，呈現出來的視覺效果卻截然不同。

設計不會只有1種正確解答，必須臨機應變，提出滿足客戶需求的方案。同時也要清楚自己的設計是為了達到什麼目的，並想辦法將欲傳達的訊息成功傳遞給觀看者。本書不僅介紹設計與排版的範例，也會解析每件作品想強調的重點，各位務必多加參考。

第 1 頁　客戶需求表

紀錄客戶的要求與各項素材、資訊的表單。先設定好目標客群,弄清楚客戶的要求再構思完成的模樣是設計時的重點,別忘了仔細確認。

第 2 頁　多樣化的版面

4位設計師各自的設計成品。雖然使用同樣的素材、文案,但視覺上帶給人的印象卻各有千秋。

案別解說

將4個設計案獨立放大，整理說明設計時的重點。
MINI LESSON中還會介紹許多有助於設計的小知識，如裝飾效果、配色。

Column　客戶發來追加訂單了！

接到客戶追加的訂單後，由其中1位設計師提出新的設計案，介紹如何在保留原先設計重點的情況下，巧妙融入新增的其他要素。

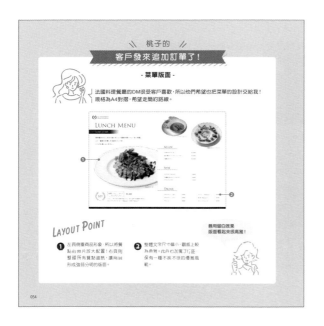

關於字體

本書所介紹的字體皆出自Adobe Fonts。Adobe Fonts是Adobe為Adobe Creative Cloud使用者所提供的一款高品質字型庫。如對Adobe Fonts的詳情與技術協助有興趣，請上Adobe官方網站查詢。

Adobe台灣官方網站
https://www.adobe.com/tw/

注意事項

■書中所記載之公司名稱、商品名稱、產品名稱等，皆為一般公司之註冊商標抑或商標。書中並未明確標記®、TM之標記。

■範例中出現的商品與店舖、客戶名稱，以及地址等資料皆屬虛構。

■本書內容受著作權相關法規保護，未經作者與出版社書面允諾，嚴禁擅自抄錄、翻印、轉載、電子化部分或全部內容。

■應用本書內容所衍生之任何結果，作者與出版社恕不負責。

CONTENTS

SECTION 1
FOOD 017

SECTION 3
TRAVEL,LEISURE

SECTION 4
LIVING

SECTION 5
HEALTH

SECTION 6 OTHER

FOOD

咖啡廳開幕宣傳傳單

由於咖啡廳即將開幕，我想請各位設計一份宣傳用的傳單。
咖啡廳內部裝潢為時髦的布魯克林風格，然後鬆餅是我們的招牌餐點！

✏️ 客戶需求表

客戶名稱	規格
BROOKLYN STYLE CAFE	A4 縱向

目標客群

以年輕人為主，但也歡迎各年齡層光顧

客戶的希望

具布魯克林式的時髦感，又能為所有人接受的設計

應具資訊

- 店名
- 開幕日期
- 店鋪 LOGO
- 地址、電話號碼、URL
- 地圖
- 標語
- 說明文字

應具資訊

〔照片〕

〔其他〕

地圖、文案資料

鬆餅看起來
好好吃喔……

多用黑色和深綠色
來構成感覺不賴！

我也好想
去去看喔～

既然是新店開幕
相關資訊還是
越詳細越好呢

看看大家的成品！ ▶

Layout Variation

A

用賣相滿分的
格子鬆餅來場
視覺震撼！

B

我選擇強調
新開幕與
時髦的空間！

C

做成板書
的風格
充滿溫馨感！

D

畫面簡單
感覺俐落
的版面！

豪邁放大鬆餅照片。
直接瞄準甜點吃貨，
營造莫大的視覺衝擊力！

❶ 故意讓一部份的鬆餅穿出版面，激發
觀看者對於照片的想像力。

❷ 為確保文字疊在照片上仍不影響閱
讀，選用形式簡單的無襯線字體並加
粗。

MINI LESSON

照片
- 裁切 -

裁切照片時，照片中物體的所在位置
會影響照片傳遞的印象，所以務必小
心處理。

物體位於中央
直接且自然，但有
時會令人覺得枯燥
乏味。

物體位於側邊
營造出空間感，生
動了不少。不過需
拿捏好畫面平衡。

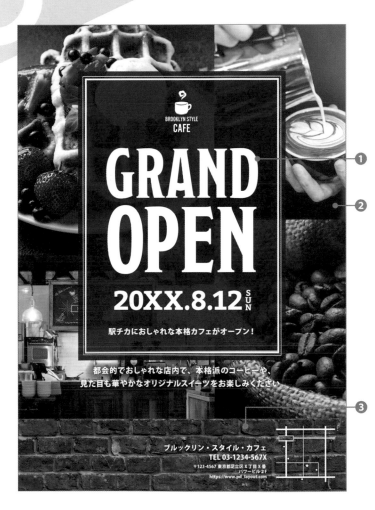

做成LOGO形式來強調「GRAND OPEN」。並將多張照片組合成背景，打造出時髦的氛圍。

1 將文字盡情放大並配置於版面中央，視覺衝擊力十足。綠底搭配白字，對比清晰，閱讀無障礙！

2 刻意選用照片組成背景，凸顯文字的存在感。

3 為了維持住整體的布魯克林風格，我還加入了磚頭的紋理。

MINI LESSON

裝飾效果
- 布魯克林風 -

除了磚頭之外，破舊的馬口鐵或浪板、深色木頭肌理、軟木板也是能營造出布魯克林感的紋理。

BROOKLYN STYLE CAFE

BROOKLYN STYLE CAFE

BROOKLYN STYLE CAFE

板書風格很有咖啡廳的感覺。
穿插手寫感文字與插圖，
海報就會變得可愛又時髦。

1 活用配色以及粗糙的筆觸，將海報做
成黑板的模樣。我認為這種形式和布
魯克林風格十分搭調。

2 加入一些插圖以增加親和力。這時選
擇細線條就不會過於孩子氣，能保有
時尚的風采。

3 將照片進行去背處理，加強鬆餅本身
的印象。

MINI LESSON

照片
- 去背 -

未裁切的完整照片和去除背景後的照
片，給人的印象完全不同。

完整照片有自己的
背景，容易表現出
照片的整體印象。

去背的照片少了多
餘的資訊，可以將
觀看者視線聚焦在
物體本身。

PRESENTATION

刻意留下大量空白，風格簡約。
照片與文字的配置也清晰易讀，
形成乾淨簡練的版面！

1 選擇白色背景，並大量留白，降低資訊判讀難度。相對地在字型與文字色上面下功夫，想辦法營造布魯克林的感覺。

2 粗格線在簡約的設計風格中成了一種點綴。

3 將照片集中放置在一處，避免阻斷其他資訊的吸收狀況。

BROOKLYN STYLE
CAFE

GRAND OPEN!

20XX.8.12 ^{SUN}

駅チカにおしゃれな本格カフェがオープン！
都会的でおしゃれな店内で、本格派のコーヒーや、見た目も華やかなオリジナルスイーツをお楽しみください。

ブルックリン・スタイル・カフェ
TEL 03-1234-567X
〒123-4567 東京都足立区 X 丁目 X 番
パワービル 2F
https://www.pd_layout.com

MINI LESSON

配色
- 布魯克林風 -

想要打造布魯克林風，重點在於降低顏色彩度。配色以黑色、深綠色、藏青色為主，卡其色等煙燻色調為輔，色數最多不要超過3個，看起來比較穩重。

CASE 02
果醬的雜誌廣告

希望各位幫敝公司新推出的果醬設計一份廣告，之後要刊登在料理美食雜誌上。
我們有一項經常用在包裝和商品架上的格紋圖案，請各位參考。

客戶需求表

客戶名稱	規格
PD 食品	A4 縱向

目標客群
20 ～ 59 歲的料理美食雜誌女性讀者

客戶的希望
符合商品印象的鄉村情調設計

應具資訊
- 公司 Logo、商品 Logo
- URL、QR Code
- 標語
- 說明文字

應具資訊
〔照片〕

〔其他〕
文案資料、QR Code

果醬麵包
放上小花！
好可愛～！

女生對這種東西
真的沒抵抗力呢

鄉村風的包裝
也有夠可愛的～

奇異果口味……
真好奇是什麼味道！

看看大家的成品！

024

LAYOUT VARIATION

A

用可愛的照片
緊緊抓住
女性的心！

B

文字訊息採用
簡單方式配置
與照片相互輝
映！

C

巧妙利用格紋
與商品包裝
產生聯結！

D

清楚展現 4 種
口味
讓觀看者享受
選擇的樂趣！

PRESENTATION

超近特寫花俏的果醬麵包！
利用視覺表現食物的可愛可口，
抓住女性的心。

❶ 我希望讀者一翻到這一頁，眼界就完全被果醬麵包佔據，所以決定豪邁地放大照片。

❷ 多點巧思，替標語加上裝飾，增加活潑度，即使字體較小也很有存在感。

MINI LESSON

照片
- 放大 -

照片中的物體經放大後，傳遞的訊息也會產生變化。

不放大
可以傳遞諸多資訊，例如周圍的狀況、風景與人物間的關係。

放大人物
減少資訊量，但可以聚焦在表情等細部的訊息上。

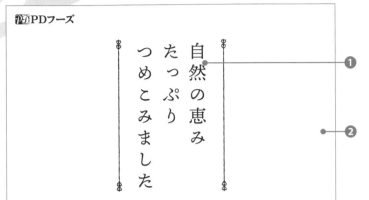

PRESENTATION

以簡明的方式配置欲傳達的訊息，
和花俏的照片內容形成對比，
達到兩者之間的平衡。

1 標語採直書方式編排，照片則橫向配置，形成強弱分明的版面。

2 標語兩旁留下大量空白，營造舒適的空曠感，讓觀看者接受資訊更無礙。

MINI LESSON

構成
- 留白 -

留白指的是完全沒有配置任何物件的白色背景部分。刻意留白可以令觀看者感受到更悠長的尾韻。

充分的留白可以留給觀看者更多思考時間，非常適合婚禮方案或珠寶型錄這種需要慢慢看的東西。

全面使用格紋，帶出溫馨感。
搭配童趣十足的包裝，
交織出鄉村情調！

1 使用與包裝及廣告相同的格紋，目的
在於強化商品形象，引領顧客走入商
品的世界，增進對商品的認知。

2 隨意配置草莓插圖，並加強標語 「自
然の恵み」 （大地的恩惠） 的力
道。

MINI LESSON

裝飾效果
- 格紋 -

格紋種類百百種，必須配合每種花紋
的觀感來區分用途。

嘉頓格（Gingham Check）
令人聯想到春天野餐的
俏皮格紋。

蘇格蘭格紋（Tartan）
除了具有秋冬感之外，
也容易令人聯想到學校
制服。

葛倫格紋（Glen Check）
經常出現在大衣和西裝
上的格紋，充滿紳士感。

PRESENTATION

加強展示商品的豐富性。
罐頭背後用水果的照片作為背景，
進一步強調出每種口味。

1 使用鋪滿水果的照片來代替色塊的效果，區分各種口味。

2 紙面上分成5欄，將文字資訊集中於中央，即使色彩繽紛，看起來也不失秩序，廣告內容清楚明白！

MINI LESSON

照片
- 發揮色塊的功能 -

即便是充滿各種物體的照片，只要同一顏色或類似顏色所佔的面積比例夠高，觀看者對內容的認知優先程度就會偏向 「物<色」。

CASE 03
複合式烘焙坊傳單

我們烘焙坊準備推出全新的自助餐方案，想要請各位製作傳單。
背景請使用本店原創的紋理素材，其餘排版方式全交由各位決定！

✎ 客戶需求表

客戶名稱	規格
Happy Bakery Shop	A4 縱向

目標客群
主打喜歡麵包的 20 ～ 49 歲男女

客戶的希望
適合原創之牛皮紙風紋理素材的設計

應具資訊
- 店名
- 店鋪 LOGO
- 住址、電話號碼
- 地圖
- 說明文字

應具資訊
〔照片〕

〔其他〕

地圖、文案資訊

這不是……
大家都在討論的
超級名店嗎！

這種優雅的紋理
我好像有點印象

最近看雜誌
也有介紹～

確實店家的名片和
紙袋也都使用了
相同的紋理呢

看看大家的成品！ ▶

LAYOUT VARIATION

A

營造手工感
打造出質樸
的漂亮版面！

B

分割紙面
更加清楚傳遞
吃到飽的資訊

C

擺上各式各樣
的麵包，更有
自助餐的感覺！

D

畫面纖長的
縱向設計
非常現代！

配合牛皮紙質感，
做成自然鄉村調性。
大大的麵包照片令人垂涎三尺。

1 刻意粗獷地裁切照片，營造手工、質樸的感覺。

2 字體也選用手寫風的書寫體，成功融入牛皮紙具備的自然感。

3 照片配置於右上與左下，形成對角線構圖，版面生動卻不失平衡。

MINI LESSON

文字
- 手寫風 -

手寫風的字體容易使人親近，可以醞釀出溫馨的氣氛。

Active
Handwritten Font

Rollerscript
Handwritten Font

整理資訊，強調「吃到飽」！
紙面分割成三欄，形成漂亮
又清楚明瞭的版面。

❶ 「90分鐘吃到飽」的文字雖然不大，
反白之後依然足夠顯眼，可以集中觀
看者的視線。

❷ 加入手繪＋色板錯位的插圖，和店家
原創的紋理巧妙融合，共譜出懷舊
感。

❸ 以「Bread buffet」的文字來點綴，
並將與照片重疊的部分反白處理，看
起來更時尚。

MINI LESSON

文字
- 部分換色 -

配合不同背景，改變文字顏色，就可
以做出印象強烈的設計品。須注意的
是，藝術性提高，相對地可能會造成
資訊閱讀困難。

版面上隨機配置單品麵包，
表現出自助餐中能夠自行挑選
要吃什麼的興奮感！

1 使用去背照片，清楚呈現每一種麵包，還能表現出品項的豐富度。

2 照片之間也寫上每種麵包的名稱。隨機的編排方式給人一種歡樂的印象，且添加的英文也多了幾分現代感。

MINI LESSON

照片
- 隨機配置 -

隨機配置的方法適合用來表現歡樂、熱鬧的氣氛。

整齊配置
安靜、認真的印象。也可以傳遞非常詳細的訊息，例如具有哪些種類的商品。

隨機配置
雖然不便於傳遞詳細資訊，但可以表現出整體品項相當豐富的感覺。

PRESENTATION

縱向分割畫面可以衍生優雅感。
既然是時下熱門商家，我希望
版面能讓人感受到充足的現代感。

1 刻意以縱向方式分割縱向紙面，打造
更俐落、纖巧的視覺效果。我認為將
資訊集中配置於其中一邊，觀看者也
比較容易讀取。

2 文字統一使用黑色。牛皮紙質感格外
適合搭配黑色文字，可以打造出沉穩
簡練的印象。

MINI LESSON

裝飾效果
- 牛皮紙 -

牛皮紙質感會因搭配使用的顏色，組
合出各種不同的印象。

黑   **棕色**   **多色**

俐落又成熟   具古董感又時   給人一種有年
的感覺。   尚的印象。   代的懷舊感。

CASE 04
法國料理餐廳的 DM

餐廳要推出全新的午餐菜單，能不能請各位製作一份會員專屬的DM呢？
酒紅色是我們店的代表色，Logo上也有使用，所以希望設計中也能加入酒紅色的元素。

客戶需求表

客戶名稱	規格
La pouvoir FRENCH RESTAURANT	明信片 橫向

目標客群

主要為有加入會員的 30 ～ 49 歲男女

客戶的希望

由於是午餐的菜單，希望給人感覺輕快一點，
不要太沉悶，但又不失一定的高級感

應具資訊

・店鋪 LOGO
・開始提供日期
・說明文字

提供資訊

〔照片〕

〔其他〕

文案資訊

想要輕快的感覺
酒紅色就必須
用在刀口上呢！

如果大範圍使用
整體印象會太沉重

肚子好餓……

如果留意日子的特殊性
應該可以整合所有元素

看看大家的成品！▶

LAYOUT VARIATION

A
只留下
1 張照片
版面單純！

B
文字橫向
照片縱向
加強記憶點！

C
將活潑的版面
點綴成雅致的模樣
拉高格調！

D
小巧細緻
的版面
富高級感！

①
②

LA POUVOIR
FRENCH RESTAURANT

LUNCH
MENU
RENEWAL

20XX.10.01 FRI START

素材選びからこだわり抜いた
シェフ渾身の新メニューをご用意。
より一層深みを増した当店のランチを
どうぞお楽しみください。

こちらのハガキをお会計時に
ご呈示いただいたお客様 / お会計から **5%**off

PRESENTATION

照片用量縮限到只有1道主菜,版面單純!
調整承載的資訊量,在有限的空間中發揮最好的傳遞效果。

① 主要字體採用細線條的視線
體,感覺優雅、高級,給人雍
容溫雅的印象。

② 即使是毫無裝飾的框格,也因
為使用了極細的線條,給人俐
落的感覺。

MINI LESSON
裝飾效果
- 線條 -

框格、表格、文字底線等線條給人的
印象,會因粗細程度而有所不同。

細   **粗**

ELEGANT
and delicate

POP

典雅高級,且具有
細膩、安靜的感覺。

聚焦效果十足,給
人活力充沛的印象。

縱向分割的照片,疊上橫向的放大文字。
可以做出時尚又令人印象深刻的DM。

1 食物照的位置往上捁,並且裁切掉一部份,意圖拓展觀看者的想像空間。

2 使用特殊質感的紋理素材,釀出韻味,並營造富麗堂的印象。

裝飾效果
- 紋理 -

使用具備凹凸濃淡的紋理,可以表現出比單色色塊更有深度的效果。想要消除廉價感、增加細膩度時,這種方法很有效。

C

PRESENTATION

使用去背照片可以增加版面活潑度，避免太裝模作樣。
增添小小裝飾，就能做出「精美午餐」的感覺。

❶ 手寫風的字體帶來輕快、歡樂的氣氛。

❷ 文字資訊沿著照片輪廓編排，增加動感。

❸ 優惠資訊以蠟印風格點綴，醒目卻不突兀。

MINI LESSON

文字
- 圍繞 -

文章沿著鄰近物體輪廓編排的方式，稱作圍繞。這種配置方式極具特色，原創性高，藝術成分也較高。

Lunch Menu Renewal

20XX.10.01 _fri_ START

素材選びからこだわり抜いた
シェフ渾身の新メニューをご用意。
より一層深みを増した当店のランチを
どうぞお楽しみください。

こちらのハガキをお会計時にご呈示いただいたお客様　お会計から **5%**off

❶

❸

❷

PRESENTATION

注意留白，做成元素集中的精巧版面，營造優雅氣氛。
酒紅色僅作點綴使用，可以給人一種富貴的印象。

❶ 照片集中配置於一處，可以一
口氣滿足觀看者的想像。

❸ 文字尺寸雖偏小，但周圍留白
充足，易讀性大幅提升。同時
也散發出一種成熟的氣息。

❷ 不著痕跡的花邊綴飾，形成不
至於厚重的高級感。

MINI LESSON

裝飾效果
- 花邊 -

花邊是一種模仿植物藤蔓纖長蜷曲美
感的裝飾手法，適合用來表現優雅且
奢華的意象。

CASE 05
啤酒餐酒館的 DM

我想委託各位製作一份啤酒餐酒館的活動通知DM。
希望呈現出下班後、回家前可以順道進來喝一杯的輕鬆氣氛。

 客戶需求表

客戶名稱	規格
BEER TOKYO	明信片 縱向

目標客群
主要為 20 ～ 49 歲下班後的社會人

客戶的希望
輕鬆卻時髦，不分性別都能同樂的設計

應具資訊

- 活動名稱
- 活動期間
- 店鋪 LOGO
- 地址、電話號碼
- 地圖
- 標語
- 說明文字

提供資訊

〔照片〕

BEER TOKYO
https://www.beer-tokyo.com

〔其他〕
地圖、文案資訊

在美美的店裡面
小酌一番的夜晚
感覺超棒的！

麻煩的是沒有一些
比較有夜晚感的照片

想要營造夜晚的感覺
還是得從顏色下手吧～

我從來沒去過
任何啤酒餐酒館
得先事前調查一番……

看看大家的成品！➡

LAYOUT VARIATION

A

借用月亮意象
的 LOGO 帶來
歡樂夜晚感！

B

用啤酒的照片
和文字來個
直球對決！

C

手繪風插圖
讓整體氛圍
更加輕鬆！

D

用星空的照片
來增添時髦
的氛圍！

利用月亮的意象來整理文字資訊，
並做成LOGO形式來吸引目光，
還能表現出夜晚的氛圍！

1 重要資訊整理在一起並標誌化，資訊更清楚。

2 主要使用字體為圓黑體，可使整體感覺更加溫和近人。

3 加入不同字體的英文字來裝飾，整體活潑不少。

MINI LESSON

文字
- 圓黑體 -

圓黑體會給人柔和的印象，所以若希望成品呈現出更平易近人，或目標客群是孩童時，不妨使用圓黑體。以下為兩種不同的圓黑體。

DNP 秀英丸ゴシック Std
親しみやすい丸ゴシック体

TB シネマ丸ゴシック Std
親しみやすい丸ゴシック体

PRESENTATION

只用啤酒的照片與文字來構成。
像拼圖一樣拼貼各要素，
做成美食雜誌封面般的 DM。

1 以藏青色和黃色來表現夜晚與啤酒。
利用補色概念進行配色，打造對比鮮
明的視覺效果。

2 刻意使用多種字體來營造熱鬧的氣
氛。

3 以條紋點綴，表現輕鬆的感覺。

MINI LESSON

配色
- 補色 -

色環上位置相對的兩顏色即互為彼此
的補色。設計上使用補色，可以加強
對比度和視覺力道。需要注意的是，
同色調有可能會令版面顯得雜亂。

✕	○
- 補色 -	- 補色 -

彩度過高的顏色容
易互搶鋒頭，讓畫
面變得太刺眼，難
以閱讀。

降低水藍色的彩
度，可以凸顯出橘
色的文字。

用手繪風插圖增加輕鬆感！
作出不分男女都能輕鬆上門，
充滿歡樂氣氛的DM。

1 插圖以極細線條的原子筆筆觸繪製，讓人感覺到一種專屬於大人的休閒時光感。

2 照片裁切成圓形，並隨機配置，創造熱鬧的印象。

3 背景採漸層方式上色，創造立體感，可以帶來更時髦的印象。

MINI LESSON

裝飾效果
- 漸層 -

利用漸層效果，可以增加畫面立體感或深度，也可以增加一分輕盈的感受。但搭配使用色相差距過大的顏色時，兩色交界處反而會給人一種不乾不淨的感覺，必須小心處理。

× 　 ○ 　 ○

顏色轉換的交界地帶若看起來混濁，可以在兩色間插入白色或色環上介於2色中間的顏色，看起來就會乾淨許多。

特製クラフトビールが堪能できる！

BEER NIGHT
7.10fri - 8.31mon 17:00-20:00

3 時 間 食 べ 放 題 飲 み 放 題
￥4,500（税込）

BEER TOKYO
https://www.beer-tokyo.com

TEL 03-1234-56/X
〒123-4567
東京都足立区 X 丁目 X 番 パワービル屋上

PRESENTATION

使用星空的照片增添時髦感。
想辦法做出能打動
成熟男女的優雅設計。

1 只有星空會變得太羅曼蒂克，所以加入一些平面的星形插圖，取得優雅與休閒的平衡。

2 選用細線條，可以做出別緻優雅的感覺。

3 為避免整體感覺太細膩，我安插了一些設計字體，增加一些調皮的感覺。

MINI LESSON
裝飾效果
- 星星 -

星星圖案的用途廣泛，除了具備夜晚意象，也很適合幼童向的活潑設計和軍事主題的作品。

頂點角度與數量的些微差異，在印象的傳遞上也會產生莫大差異。

蔬果汁的店面 POP 廣告

想請各位替敝公司新推出的「蔬果汁」製作店面POP廣告。
我們的目標是塑造時尚的商品形象，讓對美容有興趣的顧客一看到包裝就會產生購買慾望！

✏️ 客戶需求表

客戶名稱	規格
GOTORY	A6 橫向

目標客群

注重美容與健康的女性

客戶的希望

清新且陽光，輕鬆又時尚的設計

應具資訊

- 商品 Logo
- 公司 Logo
- 標語
- 說明文字

提供資訊

〔照片〕

〔其他〕

文案資訊

正式發售時
我一定馬上買……！

商品包裝
也很重視時尚耶

光看包裝就
讓人好心動～

愛心型的蔬果
感覺也很受女性歡迎！

看看大家的成品！ ➡️

LAYOUT VARIATION

背景的藍天綠葉
既明亮
又清新！

用最低限度的要素
做出簡約＆
風格十足的設計！

調性輕鬆的
木頭質感
更平易近人！

多用愛心框格
來與商品包裝
做聯結！

PRESENTATION

加上藍天與綠葉的照片當作背景，塑造明亮清爽的印象。
廣告散發出正能量，可以刺激顧客購買欲望。

1 模糊背景照片，凸顯設計中的
主角，也就是蔬果汁。

2 字體選擇手寫文字，增加輕鬆
的感覺。

3 使用虛線的框線，版面不會過
於死板，但同時又能加強整體
感。

MINI LESSON

照片
- 模糊 -

想要強調主要元素時，可以模糊版面
上的其他元素，進而凸顯主角與配角
的差別，誘導觀看者視線。此外還可
以增加故事性，加深觀看者印象。

PRESENTATION

使用的要素控制在最低限度，做成簡約又時尚的廣告！
大大配置誘惑十足的標語，年輕女性肯定毫無招架之力。

1 字體使用細黑體，即使放得這麼大也不會令人感覺喧鬧，可以維持住時尚感。此外更增加斜體效果，打出更強的氣勢。

2 以水彩的質感來呈現包裝設計上也有使用的維他命色系，表現出美味與健康兼具的印象。

MINI LESSON
裝飾效果
- 水彩 -

水彩具有一種模糊卻纖秀的顏色變化特性，想要表現出柔和、飄渺、清新或透明感時，水彩可以達到非常棒的效果。

相接的顏色、重疊的顏色最好選擇看起來不會顯得髒兮兮的顏色。

背景選用調性輕鬆的木頭紋理，平易近人。
版面具有適度的慵懶感，清新舒適。

1 背景的白色木紋可以帶給觀看
者明亮、時尚的印象。

3 部分文字改成空心字，增添放鬆
的氣氛。

2 標語採曲線型配置，既輕快又
俏皮。

MINI LESSON

裝飾效果
- 木頭紋理 -

木頭紋理適合用來營造自然且愜意的
印象，色調不同，呈現出來的感覺也
不同。

白色	自然色	深棕色
高雅潔淨的 印象。	平和溫馨的 印象。	厚重穩健的 印象。

PRESENTATION

利用愛心框格來聯結商品包裝！
清爽的綠色條紋令整體呈現一股可愛又健康的氣氛。

1 加入更多蔬果的照片，並裁切成愛心型，看起來色彩繽紛。

2 明亮的粉綠色給人自然又健康的感覺。

3 重點部分畫底線，加強主次差異。

MINI LESSON

裝飾效果
- 愛心 -

愛心通常給人一種可愛的感覺，經常用於以女性、女童為對象的設計。愛心形狀越飽滿，印象越淘氣、越有童趣，而狹長的形狀則容易給人銳利、成熟的感覺。

桃子的

客戶發來追加訂單了！

- 菜單版面 -

法國料理餐廳的DM很受客戶喜歡，所以他們希望也把菜單的設計交給我！
規格為Ａ4對摺，希望走簡約路線。

LAYOUT POINT

① 左頁側重商品形象，所以將餐點的照片放大配置！右頁則整理所有餐點資訊，讓兩頁形成強弱分明的版面。

② 整體文字尺寸偏小，觀感上較為典雅。此外也加寬了行距，保有一種不疾不徐的優雅風範。

善用留白效果
版面看起來很高雅！

BEAUTY,FASHION

CASE 07
美髮沙龍的優惠活動傳單

我們店即將舉辦5週年紀念活動，所以想請各位設計一份活動傳單。
這份傳單預計會於店門前發放，也會張貼出去，希望風格帥氣一點。期待你們的成品！

✏️ 客戶需求表

客戶名稱
Hair salon Lay

規格
A4 縱向

目標客群
以女性為主，10 ～ 39 歲的學生和社會人

客戶的希望
感覺既時髦又帥氣的設計

應具資訊
- 店鋪 LOGO
- 地址、電話號碼、URL
- 地圖
- 說明文字

提供資訊

〔照片〕

Hair salon Lay　　Hair salon Lay

〔其他〕
地圖、文案資料

模特兒的照片
竟然有 3 張

每張照片都
很帶勁呢

店裡感覺也
走在時尚尖端耶～

問題在於如何
用帥氣的方式
整理龐大的資訊

看看大家的成品！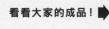

LAYOUT VARIATION

A

以 3 位女性
的照片為主
放大視覺震撼！

B

利用書寫體
帥氣地強調
5 週年！

C

透過空白
形成乾淨俐落
的時尚感！

D

利用菱形
整理資訊
風格時髦！

5th *Anniversary Campaign*

開店5周年を記念し、日頃ご愛顧いただいているお客様へ向けた特別コースをご用意いたしました。
カット、カラー、トリートメントなど、全てのコースが通常料金の20%OFF！お得な機会にぜひご利用ください。

ALL
20%
OFF

Cut	¥3000➡¥2400	Perm	¥8000➡¥6400
Color	¥5000➡¥4000	Treatment	¥2500➡¥2000
Blow	¥2000➡¥1600	Head-spa	¥3000➡¥2400

Thank you for your patronage.

Hair salon Lay

TEL 03-1234-567X
〒123-4567 東京都足立区 X 丁目 X 番 パワービル 2F
https://www.pd_layout.com

PRESENTATION

以3張模特兒的照片為主！
建構震撼力十足的大膽版面，
最後修飾出時尚風格！

1 為了加深傳單給人的印象，刻意不區分模特兒照片的強弱，全部同等並列在上方。

2 使用黑色色塊，加強與照片的對比，還可以營造出帥氣感。

3 將英文視為整體設計的一部份，塑造出時尚的樣貌。

MINI LESSON

配色
-黑色-

黑色給人的印象除了昏暗與剛猛，還有高級感。使用面積多寡也會大大影響呈現的效果。

面積寬廣	面積狹小
DARK AND SCARED	SHARP & COOL
給人沉重、黑暗的感覺，有種懸疑感。	只強調一部份，俐落有勁，保有一定的緊張。

PRESENTATION

強調「5週年」的文字來加強特別感。書寫體的文字看起來氣勢十足,整體設計十分帥氣!

❶ 「5th」 的部分將文字框線與填滿的黑色色塊錯開,營造立體感,並增強視覺衝擊力。

❷ 具有動感的書寫體再打斜,並故意讓部分文字超出版面,圖層也堆疊在最上層,氣勢不凡。

❸ 整體結構不對稱,版面看起來更帥氣有型,令人印象深刻。

MINI LESSON

文字
-書寫體-

書寫體是字跡有如行草的歐文字體,有些既華麗又具有藝術性,有些則潦亂如龍飛鳳舞。

Active
Brilliant Script Font
Rollerscript
Rough Script Font

PRESENTATION

主打 「女性時尚」！
利用空白整理元素，
創造瀟灑俐落的印象。

① 注重整體留白空間，使版面看起來明亮且寬鬆，表現出目標客群（女性）會喜歡的時尚感。

② 斜條紋和圓體字型都選用細線條，營造出秀逸的印象。

③ 以拍立得的風格來呈現模特兒的照片，感覺別出心裁。

Flyer content

Thank you for your patronage.

5th
Anniversary
Campaign

開店 5 周年を記念し、日頃ご愛顧いただいているお客様へ向けた特別コースをご用意いたしました。カット、カラー、トリートメントなど、全てのコースが通常料金の 20%OFF！お得な機会にぜひご利用ください。

ALL 20% OFF

Cut	¥3000	¥2400
Color	¥5000	¥4000
Blow	¥2000	¥1600
Perm	¥8000	¥6400
Treatment	¥2500	¥2000
Head-spa	¥3000	¥2400

Hair salon **Lay**

TEL 03-1234-567X
〒123-4567 東京都足立区 X 丁目 X 番
パワービル 2F
https://www.pd_layout.com

MINI LESSON

照片
- 拍立得 -

拍立得照片的效果比起一般照片給人的感覺更年輕，也更跟得上流行。

FAVORITE　MAY 15TH　*Best Shot*

留白的部分加上文字，可以增添手作感，氣氛更加自然。

5th
Anniversary
Campaign

Thank you
for your
patronage.

ALL
20%OFF

開店5周年を記念し、日頃ご愛顧いただいて
いるお客様へ向けた特別コースをご用
意いたしました。カット、カラー、
トリートメントなど、全ての
コースが通常料金の
20%OFF！お得な機
会にぜひご利用
ください。

Cut
¥3000➡¥2400
Color
¥5000➡¥4000
Blow
¥2000➡¥1600
Perm
¥8000➡¥6400
Treatment
¥2500➡¥2000
Head-spa
¥3000➡¥2400

Hair salon Lay
https://www.pd_layout.com
TEL 03-1234-567X
〒123-4567
東京都足立区 X 丁目 X 番
パワービル2F

PRESENTATION

以菱形框格構成整張海報！
並依資訊內容區分使用框格，
兼具易讀性與設計性的酷炫成品。

1 選擇菱形作為主要形狀，可以給人一
股成熟帥氣的感覺。

2 配色以米灰色、珊瑚紅、黑色等三色
（Tricolore） 手法呈現，加強視覺對
比，也表現出一股酷酷的味道。

MINI LESSON

配色
-三色配色 （Tricolore）-

三色配色指的是將3種差異明顯、對比
強烈的顏色組合使用的配色手段。想
要強調元素、加深印象的時候，可以
利用三色配色做出強弱有致的設計。

法國國旗的顏色就
是非常具代表性的
三色配色。

其中1色選擇無彩
色可以凸顯明度差
異，形成良好平
衡。

CASE 08
美容院的電車廣告

想請各位製作一份能展現我們美容院魅力的電車內海報，瞄準為了工作和家事鞠躬盡瘁的女性。
希望能讓在搭車時偶然瞥見門邊廣告的人對我們產生興趣！

 客戶需求表

客戶名稱	規格
Beauty Salon Esthetique	B3 橫向

目標客群

20 ～ 49 歲，尋求身心療癒的女性

客戶的希望

與眾不同、具備療癒感的設計

應具資訊

- ・店鋪 LOGO
- ・地址、電話號碼
- ・URL、QR Code
- ・標語
- ・説明文字

提供資訊

〔照片〕

〔其他〕

文案資料、QR Code

 賣點不是放在「美容」的部分而是「療癒」呢！

可以調劑身心的意思嗎？

這種吸引方式感覺確實能打動人心呢。

也算是一種犒賞自己的行為吧！

看看大家的成品！➡

LAYOUT VARIATION

使用曲線來
打造優雅
高貴的印象！

讓話語直接
打進疲憊女性
的心中！
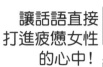

佈滿可愛的
小花插圖
點綴奢侈感！

使用古典風
的相框
營造特別感！
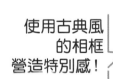

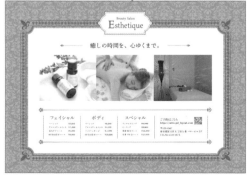

PRESENTATION

將看了令人羨慕的形象照片放大，誘惑觀看者。
金色曲線可以勾勒出優雅且富貴的感覺。

❶ 搭配使用模特兒照片和香精油的照片，可以讓畫面情境顯而易見。

❷ 配色選用亮棕色搭配金色，帶來沉穩的感覺，營造出雍容華貴的氣氛。

PRESENTATION

大膽留下充足的空白,強調標語!
重點擺在「讓人閱讀文字」,緊緊抓住疲憊女性的心。

❶ 標語周圍留下大量空白,增加標語注目度。

❷ 字體選用明朝體,給人纖柔且優雅的印象。

❸ 加入高雅的裝飾效果線,顯得與眾不同。

MINI LESSON

構成
-留白-

文字或物件周圍留白,可以集中觀看者的視線,提高注目程度。

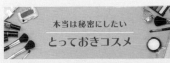

就算物件尺寸小也具有同樣效果,所以不必擔心會破壞整體設計的優雅調性。

PRESENTATION

大量使用小花插圖，展現著侈享受的氣氛！
進行淡淡的模糊處理，讓成品看起來更和煦、療癒。

❶ 照片邊界模糊，塑造溫柔的印象。

❷ 小花插圖用細線條的手繪筆觸，維持整體的成熟感。

❸ 每個文字都有微妙的色彩變化，富有立體感，且具有晃動般的視覺效果。

MINI LESSON

文字
-文字配色-

每換一個字也換一個顏色，營造出歡樂的印象，還可以讓文字帶有閃爍搖曳的神情。為保持可讀性，建議選擇色調差異較小的配色。

にぎやかカラフル

EARTH COLOR
せせらぎグラデーション

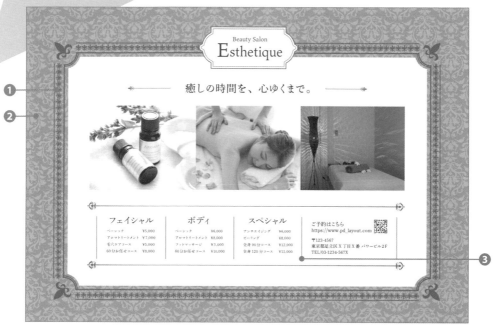

PRESENTATION

選用古樸典雅的相框,呈現與眾不同的特色。
明亮的米色可以令整體顯得沉穩安詳。

1 相框加上有規律的紋樣,凸顯中間白底的內容部分。

2 使用歐風古典花紋,可以形塑出高雅的印象。

3 劃分資訊區塊的分界線刻意不相交,留下適度的放鬆感,可以塑造出婉約的印象。

MINI LESSON

裝飾效果
-分界線-

若希望版面上的資訊看起來更清晰,除了可以用框格圍起來,也可以用不同的背景顏色來區分。不過最簡單的分界線也可以充分達到整理資訊,增加辨識度的效果。

| 公司概要 | 企業理念 | 事業內容 |

CASE 09
無添加香皂的夾頁廣告

希望各位替本公司的招牌商品，天然草本無添加香皂製作一份夾頁廣告。
雖然商品已有一定的熱門程度，不過我們打算進一步擴大客群，所以推出提供免費樣品的活動！

✎ 客戶需求表

客戶名稱	規格
SAVON	A4 縱向

目標客群
主打 30 ～ 49 歲，對有機商品有興趣的女性

客戶的希望
既然是有機商品，希望設計能帶有自然感

應具資訊
・商品名稱　　　　・説明文字
・公司 LOGO　　　・警示文字
・URL
・標語

提供資訊
〔照片〕

〔其他〕
　文案資料

我也要來申請
免費樣品！

不用購買也可以
體驗產品，太賺了

好好奇會是
什麼香氣～

看來大家都
很吃這一套呢

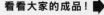

看看大家的成品！ ➡

LAYOUT VARIATION

A

夢幻般的
綿密泡沫
真誘人！

B

訊息中
透漏神秘感
刺激好奇心！

C

用水彩質感
表現出
舒適愜意！

D

優美簡約
的版面
質感高雅！

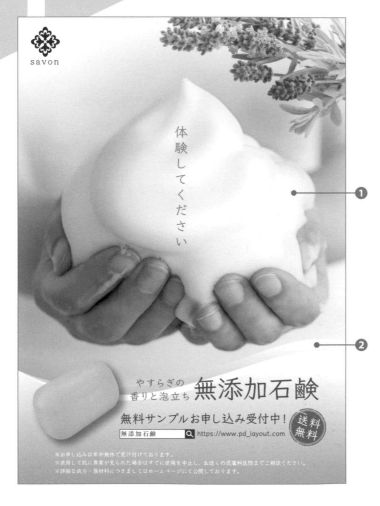

PRESENTATION

細緻綿密的泡沫讓人心癢癢！
我希望表現出細膩的質感，
讓人看了忍不住想伸手去摸。

1 極度特寫並裁切形象照，更加強調泡沫那綿滑細緻的觸感。

2 加入曲線要素，令整體看起來更柔和。

MINI LESSON

裝飾效果
-曲線-

紙面上加入曲線，可以增加動感，同時還能表現嬌柔的風貌。

食欲の秋
グルメフェア

文字下方加入曲線，可以令視線產生流動。
光是這樣就能大大加深觀看者的印象。

PRESENTATION

果敢放大「體驗」兩個字。
先讓觀看者產生能體驗什麼的疑
問，再引導他們閱讀詳細內容！

1 雖然我也想過要讓 「無料サンプル」
（免費樣品） 的字樣大大佔據版面，
但這樣可能會顯得庸俗，所以最後選
擇放大 「體驗」。結果做出了比我預
想中還要更 「令人好奇」 的傳單！

2 為凸顯文字的印象，周圍以草本植物
插圖圍繞，表現出自然的氛圍。

3 整體背景使用布料質感的紋理，更能
整合所有元素的天然感。

MINI LESSON

配色
- 顏色的印象 紫色 -

紫色是一種特性複雜的顏色，依據使
用方法和周圍顏色的搭配，給人的印
象也會大不相同。

淡紫色	深紫色	藍紫色
令人感到療癒的優雅氣息。	懸疑神秘的印象。	冷酷而沉穩的感覺。

善用水彩溫和的質感，
打造既柔美又溫馨，
十分愜意的畫面！

① 堆疊淡色系的水彩圖樣，醞釀出懷舊氛圍，也呈現一股自然的印象。

② 聽說香皂使用天然植物原料，所以我將葉片圖案當作主要使用物件。

③ 為了進一步增添柔和的感覺，文字沿著葉片的輪廓編排。

MINI LESSON

文字
- 沿著物件輪廓編排 -

讓文字沿著物件的輪廓編排，可以增加動作性，更具特色，形成更活潑且親切的版面。

体験してください

やすらぎの香りと泡立ち

無添加石鹸

送料無料 無料サンプル お申し込み受付中!

※お申し込みは年中無休で受け付けております。
※ご使用して肌に異常が見られた場合は直ちに使用を中止し、お近くの皮膚科医院までご相談ください。
※詳細な成分・原材料につきましてはホームページにて公開しております。

savon

無添加石鹸 🔍
https://www.pd_layout.com

PRESENTATION

使用極少裝飾物件,保持版面明淨。以簡約的風格呼應產品的高品質,整體帶有一股靜謐的氛圍。

❶ 展示形象的照片和標語放在上方,其他重要資訊則放在紫色背景的區塊。畫面分割明顯,清楚易懂。

❷ 形象照片橫向配置,並由前往後淡去,帶出柔美的意象。同時也能提升文句易讀性。

MINI LESSON

照片
-淡出-

照片加上淡出效果,可以增添一股纖細的尾韻。此外,照片尺寸小於版面時,也可以模糊照片與背景的界線,形成淡出效果,看起來就會自然許多。

CASE 10
鐘錶店店面海報

我們新推出了一款淑女錶，需要一份可以張貼在各大店鋪的海報進行宣傳。
這項商品的概念是，讓辦公時戴的手錶也能像裝飾品一樣別緻！

 客戶需求表

客戶名稱	**規格**
Dahlia Jewelry Watch	A2 縱向

目標客群
20 ～ 39 歲的職業女性

客戶的希望
符合商品概念，正式感與淑女感兼具的設計。

應具資訊
- 品牌 LOGO
- URL
- 標語
- 說明文字

提供資訊
〔照片〕

〔其他〕
地圖、文案資料

戴上這支手錶的話
會不會令大家眼睛
一亮呢？

雖然模特兒的照片感覺不錯
但手錶看起來未免太小了……

功能說明的部分
要不要加入
想像畫面呢？

我覺得這個
主意不錯耶！

看看大家的成品！

LAYOUT VARIATION

A

放大實際佩帶
畫面幫助觀看
者想像！

B

控制色調
增進海報整體
給人的印象！

C

溫柔的粉紅色
與花朵插圖
表現出女人味！

D

放大商品
本身的照片
直接展現魅力！

私と共に
時を刻む

Dahlia

Jewelry Watches

安心の
防水仕様

洗練された
デザイン

高品質
保証付

https://www.pd_layout.com

PRESENTATION

放大模特兒的照片，
讓觀看者更容易想像佩帶的模樣。
最後再修飾出成熟美麗的感覺。

1 照片尺寸雖大，但透過周圍的留白，
大方之中又給人一股沉穩的感受。

2 字體選用明朝體，不乏正式感且具有
氣質。

3 整體雖然簡潔有力，不過一些細微的
綴飾仍充分表現出淑女的味道。

MINI LESSON

文字
-明朝體-

明朝體一般會給人高級、古典、認
真、纖柔等感覺。而線條粗細也會營
造出不同的觀感。

小塚明朝 Pr6N R
纖細な印象の細い明朝体

DNP 秀英四号太かな Std Hv
力強さを感じる太い明朝体

PRESENTATION

素淨且富含知性的無彩色部分
和綺麗的有色部分分開使用。
可以做出張力十足的海報！

1 無彩色的部分給人有些冷傲的印象。
有色的部分則僅上了薄薄一層具有溫
度的顏色，保留了婉約的感覺。

2 在文字大小上做出強弱區別，加強力
道，營造版面的張力。

MINI LESSON

配色
- 單色 （Monotone） -

單色即僅調整一種顏色的濃淡或明暗
來表現色彩變化的手法。普遍指稱黑
白色調 （無彩色），不過像棕褐色調
（Sepia） 這種以棕褐色的濃淡或明
暗變化來表現畫面的手法，同樣屬於
單色的一種。

利用無彩色，可以營造出時尚且成熟的印
象，或是安靜、哀愁的模樣。

樸素的粉紅色顯得成熟。
綴以纖細的花朵插圖,
可以令設計整體充滿女性感。

1 整體使用的粉米色不僅具備沉著的大人感,也感覺得到柔美的女性印象。

2 利用觀感優雅的細線條來繪製插圖,增加版面的華麗程度。

3 功能說明的文字旁加上符合說明意象的照片。裁切成圓型,傳遞的印象更加溫和。

MINI LESSON

配色
-顏色的印象 粉紅色-

粉紅色一般會給人偏女性、浪漫的感覺,不過些微的色調變化,也會呈現出不同的觀感。

加強 Y	只有 M	加強 C
沉著冷靜的大人感。	可愛且朝氣蓬勃的氛圍。	青春洋溢且性感的印象。

直接將商品照片當作焦點！
以整齊的版面構築正式感，
並加入裝飾效果表現女性的風情。

1 彷彿將聚光燈打在手錶上，提高手錶
的注目程度。

2 為避免畫面的正式感遭到破壞，增添
女性元素的花草以剪影方式來呈現。

3 功能說明與模特兒的照片整理在版面
下方，並與其他資訊完全區隔開來，
進而凸顯上方的主要部分。

MINI LESSON

裝飾效果
-剪影-

剪影給人的感覺比照片看起來更親
暱，比插圖看起來更成熟。

指甲油的雜誌廣告

我想委託各位製作新品指甲油的廣告。
這份廣告會刊登在主打年輕女性讀者的時尚雜誌上，所以希望能做出一份可以激發少女心的廣告！

✏️ 客戶需求表

客戶名稱
CUTIE DOLL PARIS

規格
A4 縱向

目標客群
喜歡可愛東西的 10 ～ 29 歲女生

客戶的希望
女孩子看了會少女心大爆發的設計

應具資訊
· 商品 LOGO、商品名稱
· 公司 LOGO
· 標語
· 說明文字

提供資訊
〔照片〕

〔其他〕
　文案資料

光是模特兒
就可愛到不行了～！

瞄準年輕女孩嗎……
翻翻雜誌研究一下好了

粉彩色系的
指甲油好可愛

讓人清楚看到
指甲油的顏色
感覺比較好……

看看大家的成品！ ▶

Layout Variation

A

閃閃動人的
模特兒照片
引人入勝！

B

符合特輯的
扉頁風設計
聚焦目光！

C

蝴蝶處處飛舞
打造羅曼蒂克
的夢幻世界！

D

商品所有的
顏色種類
一覽無遺！

PRESENTATION

將模特兒照片放到最大，
令人印象深刻的熱情眼神，
吸引看到廣告的每一個人。

1 標語採曲線形配置，這種表現出搖曳
晃動感的小巧思，可以加深觀看者印
象。

2 限定色用圓圈圈出，與其他顏色做出
區別。

3 模特兒照片的形象，加上具有 「夢
幻」 感的羽毛，使設計整體充滿美好
又奇幻的氛圍。

MINI LESSON

裝飾效果
-羽毛-

羽毛的圖案可以帶來幻想浪漫的感
覺，其溫和且柔軟的印象，也很適合
與嬰兒相關的主題結合。此外，如果
搭配使用橘色和綠松色，還很適合表
現波希米亞風。

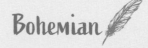

Bohemian

PRESENTATION

處處點綴著女生會喜歡的花紋，
做成雜誌特輯的扉頁風！
令翻到這頁的人停下來多看兩眼。

❶ 標語部分的文字不但設計成大標題的
模樣，還將框線與色塊錯開編排，更
具流行感。

❷ 裁切模特兒的照片，只露出手腕周圍
的部分，意圖聚焦觀看者目光於指甲
上。

❸ 蕾絲花紋少女感十足，增添可愛的感
覺。整體設計成拼貼風。

MINI LESSON

照片
-特寫-

想要強調照片某部份的時候，特別放
大部分照片的特寫手法可以達到很棒
的效果。有時乍看之下不太自然的裁
切照片，反而可以吸引觀看者注意。

夢みごこちな
ツヤパステル

CUTIE DOLL
PARIS

① ②

限定色
DM-HL1
ドリーム
ホログラム

Dreamy Nail
ドリーミーネイル 800円（税別）

PRESENTATION

做成有蝴蝶飛舞的浪漫設計。
表現出正處花樣年華，
盼望快快長大的少女情懷。

❶ 標語部分用虛線夾住，達到強調效
果。並選擇活潑有個性的可愛字體，
來引起10～29歲女性的關注。

❷ 指甲油照片採圓弧狀排列，在不對稱
的版面中，令觀看者視線不自覺移動
到指甲油上。

MINI LESSON

構成
-對稱／不對稱-

相對於能帶來安定感、安心感的左
右對稱 （symmetry），左右不對稱
（asymmetry） 則會給人一種不安
穩，也可以說感覺充滿了律動，容易
建構出具有衝擊力的版面。

對稱　　　　　　　不對稱

STABILITY　　　　Asymmetry

INSTABILITY

Symmetry

PRESENTATION

清楚展示產品各色！
做出一份讓人看了忍不住開始
挑選自己喜歡什麼顏色的廣告。

1 在商品照片後頭鋪上一條展示商品顏色的色帶，加強視覺傳遞效果。

2 商品 LOGO 使用與包裝相同風格的華麗花框，並將商品標籤置於中央，使畫面強弱分明。

3 斜向的背景線條貫穿人物照片，令畫面產生立體感與動感。

MINI LESSON

裝飾效果
- 標籤 -

用標籤的形式統整資訊，看起來會很像某種標誌，可以達到吸引目光的效果。

只要選擇適切的形狀和裝飾效果，標籤和任何設計都能搭配得宜。

購物中心的促銷海報

本設施是和車站共構的商業設施，尤其主打多種服飾流行品牌。
我們想請各位製作一份春季優惠活動的宣傳海報，準備張貼在車站內。

客戶需求表

客戶名稱	規格
Lulumall TOYOSU	B0 橫向

目標客群

對服飾有興趣的 10 ～ 39 歲女性

客戶的希望

明亮活潑，但又不顯得太幼稚的設計

應具資訊

- 設施 LOGO
- 標語
- 企劃名稱
- 活動期間
- 説明文字

提供資訊

〔照片〕

〔其他〕

文案資料

照片裡鮮豔的
背景顏色真搶眼！

如果想要吸引
站內行人的目光……

買東西真的
很令人興奮耶～

我想好好
表現你說的
那種興奮

看看大家的成品！▶

LAYOUT VARIATION

存在感強大的
模特兒照片
佔據整個版面！

放大強調
優惠資訊
勾起觀看者興趣！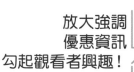

紙偶劇風格
充滿活力
又有趣！

仿造漫畫分鏡
來分割版面
整理資訊！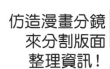

PRESENTATION

為了令海報在車站中引人注目，我將鮮豔的照片放大。
裝飾控制在最小限度，並拿捏好配色平衡！

❶ 為了加深照片給人的印象，角度稍微傾斜，營造躍動感。

❸ 背景也使用較鮮豔的色彩，維持整體的鮮活。

❷ 構成雖然簡單，隨機配置的斜線卻營造出一股活潑歡樂的印象。

MINI LESSON

配色
-鮮豔色-

鮮豔色即彩度較高，特別明晰的顏色。使用多種鮮豔色時，不同的搭配方式會造就不同的印象。

類似色

朝氣滿滿且活潑的印象。能表現歡樂、明亮的感覺。

補色

和類似色相比，更多了一份活絡且喧鬧的印象。

① ② ③

PRESENTATION

使用個性鮮明的字體，展現活動優惠的魅力！
白、黑、粉紅、橘色的對比，給人艷麗的印象。

❶ 為了在熙來攘往的車站內吸引眾人目光，我刻意使用特色強烈的設計字體來增加顯眼程度。

❷ 以框線圍住文字，達到強調效果！

❸ 適度加入一些活潑又不會太幼稚的花紋，調整版面上所有元素的平衡。

MINI LESSON

文字
-設計字體-

無論是希望單純傳遞資訊，還是打算表現設計的魅力，總之根據使用目的來選擇設計字體準沒錯。

TBシネマ丸ゴシック Std M
情報として読ませたい

VDL ロゴJrブラック BK
デザインとして魅せたい

調整照片與文字的大小來表現立體感。
興奮期待的心情彷彿透出了版面。

 設計成紙偶劇的樣子！讓各種場合下享受不同穿著的模特兒變成紙偶劇主角，營造畫面中的立體感。

❷ 文字尺寸由小漸大，充滿氣勢。

❸ 背景使用綠松色來搭配照片的粉紅色、橘色調，令整體畫面更熱鬧。

MINI LESSON

文字
-尺寸-

每個文字大小都不一樣，可以替文字換上各式各樣的表情。

勢いやスピード感を出す

不安にさせる

強調する

春の
特別セール
開 催

最大 **80**％OFF

4.1（日）-**4.30**（月）

ドレ着ル？

❶

❷

❸

PRESENTATION

用漫畫分鏡的形式來整理存在感十足的照片，
版面看起來整潔俐落，卻又不失淘氣。

❶ 利用分鏡方式分割版面，最大
限度利用模特兒和鮮豔的色
塊。

❷ 字體選擇較粗的黑體，重視可
讀性。

❸ 文字資訊的那一欄背景為細條
紋圖案，兼具休閒與成熟的印
象！

\\ 青山的 //
客戶發來追加訂單了！

- 優惠券版面 -

美容院的電車廣告深得客戶的心，所以他們希望招待券的設計也由我來操刀。我想讓優惠資訊顯眼一點，但也需要兼顧優雅的調性。

① Beauty Salon
Esthetique
特別割引券 **20**% OFF

有効期限：20XX 年 03 月 31 日

※本券はEsthetique店舗でのみご利用いただけます。
※他の割引券との併用はできません。
※有効期限を過ぎた場合無効となりますのでご注意ください。

〒123-4567 東京都足立区X丁目X番 パワービル2F
TEL/03-1234-567X
WEB/https://www.pd_layout.com

②

LAYOUT POINT

❶ 不使用華麗的裝飾和配色，而是多設置留白空間，集中視線的同時，也能維持優雅。

❷ 使用具「療癒」感的淡紫色，文雅中隱隱透露出一絲華麗。

別出心裁的
感覺真棒！

SECTION

3

TRAVEL,LEISURE

CASE 13

旅行社的優惠活動海報

我們準備針對女性顧客推出夏季限定活動，想請各位設計一份海報。
海報預計將張貼在各大店面和附近車站內的布告欄。

✎ 客戶需求表

客戶名稱	規格
P.T.C	A2 縱向

目標客群

希望利用暑假期間出遠門渡假的年輕女性

客戶的希望

想讓顧客在諸多選項中優先選擇敝公司
所以希望是觀看者看了能清楚了解活動資訊的設計

應具資訊

- 活動名稱
- 活動期間
- 活動內容
- 公司 LOGO
- 地址、電話號碼、URL
- 標語

提供資訊

〔照片〕

〔其他〕

文案資料

碧海藍天……
渡假勝地真的
太美好了～！

不管哪間公司都會想
趁夏天推出優惠活動呢

光看照片就令人
開心了起來

希望活動內容的部分
也能妥善表達出來

看看大家的成品！ ➡

LAYOUT VARIATION

A

最大限度活用
無際的藍天和
波光粼粼的海
洋！

B

飛機雲搭配
斜向文字
提升興致！

C

以拼貼的形式
表現女孩腦中
歡樂的想像！

D

活動的內容
資訊整理得
一目瞭然！

PRESENTATION

一望無際的藍天和波光明淨的大海
充分表現出到了夏天
就想出國渡假的心情。

1 考慮出國旅遊的人應該會對這種照片
很敏感,所以用天空與海洋的照片占
滿整個版面,讓人看個過癮!

2 加入紅色的旗幟圖案,這個小巧思可
以吸引觀看者注意到優惠內容。

MINI LESSON

照片
-滿版-

滿版的意思是將照片填滿整個版面,
完全不留白的配置方式。

滿版可以營造出電影般的磅礴氣勢。

留白則能表現文靜沉穩的印象。

PRESENTATION

使用飛機雲與斜向文字
帶出高昂興致,並透露出
令人開心的優惠資訊!

1 飛機雲的意象會令人聯想到出國旅行。我認為版面上飛機雲的動作感、走向,都營造出了適度的興奮感!

2 黃色雖然顯眼,但也容易產生廉價、俗氣的感覺,所以利用斜條紋增加清爽度,看起來更清新。

3 裁切掉人物的一部份並調整圖層上下關係,塑造出對於活動的期待感。

MINI LESSON

文字
-斜向配置-

文字打斜除了能帶出氣勢與速度感,
還可以像下圖範例一樣,分別營造出
俏皮、徬徨不安的感覺。

PRESENTATION

各種物件散落在碧海藍天的背景上
將女孩腦內的想像具體化。
營造出時尚又歡樂的夏季旅行感！

1 增加照片用量，選用一些渡假時不可或缺的物品，隨機配置於版面上！粗略裁剪相片周圍，增加親近感也是一大重點。

2 因為照片配置方式較隨意，所以活動名稱的部分做成LOGO的風格，令畫面亂中有序。

MINI LESSON

照片
- 拼貼風 -

粗略裁切的照片會產生一股手作感，可以簡單做出拼貼風的設計。若照片本身背景太雜亂，可以先去背後再補上純色的背景，這麼一來就能做出不錯的視覺效果。

×

○

PRESENTATION

增加文字周圍的留白，提高顯眼程度。以上方照片為主，下方照片為輔，創造由上而下的自然閱讀動向。

❶ 只在重要的文字資訊周圍使用純白背景，引導觀看者視線聚焦於此。

❷ 照片裁切方式模仿海浪的意象，讓整齊的版面多一分玩心。

❸ 人的閱讀動線通常為由上至下，所以我將引人注目的大張照片擺在版面上方，比較細瑣的資訊則分成3張小照片放在下方，進行補充說明。

MINI LESSON

裝飾效果
-波浪形-

大波浪可以給人一股歡樂俏皮的印象，小波浪看起來則很像蕾絲，有一股偏女性的可愛印象。

CASE 14
溫泉旅館的廣告傳單

我們想要開發不同年齡層的市場，所以希望這份傳單可以吸引到年輕一點的客人。
如果能表現出溫泉街整體古樸的風華，相信一定能將魅力傳達給客人。

 **客戶需求表**

客戶名稱	規格
銀山溫泉 中村莊	A4 縱向

目標客群

20 ～ 39 歲的單身女性

客戶的希望

保有格調的情況下，還能讓年輕人感覺到魅力的設計

應具資訊

・設施 LOGO　　　　　・説明文字
・地址、電話號碼、URL
・地圖
・標語

提供資訊

〔照片〕

〔其他〕

地圖、文案資料

我也好想親眼看看
這麼優美的街道！

「大正ロマン」（大正風情）
光看到這個詞感覺就會
讓人不禁停下腳步

提到大正風情
花朵和蝴蝶的圖案
很有代表性也很可愛

而且配色也有
它獨特的味道呢！

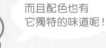

看看大家的成品！➡

LAYOUT VARIATION

A

奇幻的風景
非日常的
魅力！

B

直來直往
放大強調
「大正風情」！

C

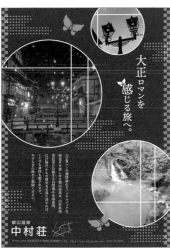

多利用可愛的
花紋和插圖
吸引女性！

D

網格式編排的
和室門紙質感
古樸風華再現！

銀山温泉

中村荘

大正ロマンの風情溢れる
ノスタルジックな街並み
を楽しめる銀山温泉は、
山形県尾花沢市に位置す
る自然豊かな温泉街。
江戸時代からの歴史ある
湯に浸かれば、こころも
身体も癒されます。
やすらぎの旅をご堪能く
ださい。

大正ロマンを
感じる旅へ。

〒099-4333
山形県尾花沢市銀山新加地内 6-8X
https://www.pd_layout.com
0237-28-000X

以奇幻的風景照填滿整個版面。
想在旅行中追求非日常感的年輕女
性瞥見這份傳單肯定會多看幾眼。

❶ 使用的相框形式有種復古感，和大正
風情相互呼應，還能達到統整紙面內
容的效果。

❷ 相較於照片大膽的表現，文字尺寸較
小，顯得高雅。書法體則給人一種傳
統的印象。

❸ 行距加寬，營造舒適自在的氛圍。

MINI LESSON

文字
-行距-

編排字數較多的文章時，刻意加寬行
距可以帶給觀看者平靜、和緩的印
象。

いつもと同じ
自転車で
いつもと同じ
道を走る
なんでもない
毎日が
ずっと続くと
思っていた

也很適合需要慢慢咀嚼品味的文章。

PRESENTATION

將 「大正風情」 的文字
盡可能放大為焦點！
不假掩飾地傳遞魅力。

1 以照片組成背景，傳遞街上與旅館的
整體氣氛。

2 標語文字反白加以強調，避免被背景
照片的存在感壓過。

MINI LESSON

文字
-文字反白-

在深色背景上使用反白的文字，文字
就會因為明暗對比而獲得強調。不過
字體如果太細，印刷時可能會出現殘
缺，必須多加注意。

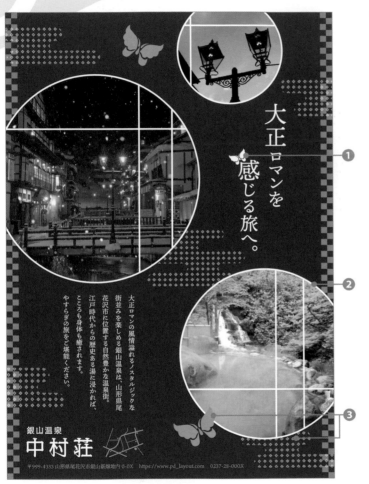

大正ロマンを感じる旅へ。

大正ロマンの風情溢れるノスタルジックな
街並みを楽しめる銀山温泉は、山形県尾
花沢市に位置する自然豊かな温泉街。
江戸時代からの歴史ある湯に浸かれば、
こころも身体も癒されます。
やすらぎの旅をご堪能ください。

銀山温泉
中村荘

〒999-4333 山形県尾花沢市銀山新畑地内 0-0X　https://www.pd_layout.com　0237-28-000X

① ② ③

PRESENTATION

瞄準年輕女性而做成可愛風格。
利用蝴蝶的插圖與和風花紋，
帶出整體的優雅感。

① 標語的部分也結合蝴蝶圖案，穿插著
一些小趣味。

② 仿造圓形窗戶意象所裁切的相片，給
人一種透過窗戶窺見旅遊目的地的感
受，增加期待。

③ 綴以蝴蝶、霧氣、市松格紋等和風紋
樣，表現日式風情。

MINI LESSON

裝飾效果
-大正風情-

山茶花、玫瑰等豔麗的花朵，還有具
備摩登印象的蝴蝶、草莓都算是大正
風情的代表圖案。加入市松格紋、箭
羽紋、條紋，可以令設計更有整體
感。

PRESENTATION

和室門紙的質感搭配網格系統排版。
工整的版面配上具有大正風情的顏
色，調和出古典洋風的整體印象。

① 選用大正風情獨特的深色調，配色雖然
華麗，整體觀感卻秀氣爾雅。

② 標語使用較具特色的設計字體，避免
與網格的黑色線條同化。

MINI LESSON

配色
-深色調-

純色中加入少量黑色而形成的色調，
即為深色調。深色調的特色是即便彩
度高，也能帶來較沉穩的印象，容易
與和風素材搭配。

CASE 15
高級飯店的宣傳海報

我們現在的客戶幾乎都是回頭客，所以希望能讓更多人知道本飯店的存在。
如果能因此增加一些新的顧客，對我們來說實屬萬幸。

 客戶需求表

客戶名稱	規格
HOTEL GRAND TOWER	B3 橫向

目標客群

30 ～ 59 歲，偶爾想奢侈一下的人

客戶的希望

具有高級感，卻不會太高不可攀的設計

應具資訊

・設施名稱
・設施 LOGO
・地址、電話號碼、URL
・標語

提供資訊

〔照片〕

〔其他〕

文案資料

好美的飯店喔！

真的會讓人
想住上一晚耶～

的確要稍微鼓起勇氣
才有辦法踏進這間飯店呢

感覺很適合
在紀念日這種
特別的日子入住

看看大家的成品！ ➡

LAYOUT VARIATION

展示大大的
水晶吊燈
堂皇富麗！

宣傳標語
充滿誘惑
令人悠然神往

利用曲線
營造出
優雅的氣氛！

對稱的版面
呈現出沉穩
與厚重感！

展示掛著水晶吊燈的華美空間來凸顯高級感。
文字與裝飾的表現則較保守，留住高雅的印象。

1 為了最大限度展示金碧輝煌的大廳照片，豪邁地使用滿版配置。

2 資訊全部集中在右側，易於判讀，也不會影響到照片內容。

3 偏細的金色線條，可以塑造出一股清雅淡麗的高級感。

配色
-金色-

假如不想使用特殊的色彩或金箔，也可以利用漸層效果來表現金色。但假如使用範圍太大，可能會顯得俗氣，少量點綴用即可。

△

PRESENTATION

放大激發興致的標語，勾動人心！
多花點心思配置文字，形塑出絕妙的誘惑感。

❶ 「優雅」、「至福」兩個字詞稍微上下錯開，加強印象。深色背景搭配反白文字，非常顯眼。

❷ 深棕色的壁紙風條紋令版面產生典雅且成熟的感覺。

MINI LESSON

文字
-上下錯開的編排-

想要強調文中特定部分、加強視覺力道時，可以讓文字一上一下錯開。一個簡單的動作就能大幅提升文字透出的力度。

見上げた夜空にたくさんの星

▼

見上げた夜空にたくさんの星

「夜空」兩個字被強調，畫面更有張力。

以曲線大膽貫通版面，消除一板一眼的感覺。
利用配色與裝飾效果來打造高級感，做出優雅的設計。

1 照片之間的界線模糊處理，視覺感官較柔美。

2 重點點綴模糊的色塊，凸顯「優雅」、「至福」兩詞的特別。

3 背景使用具緞面質感的明亮米色，高級之中仍帶有輕盈的觸感。

MINI LESSON
裝飾效果
-模糊-

模糊的手法可以增添柔和的印象，還可以帶來曖昧且幻想的感覺。

不使用模糊，畫面看起來活潑又歡樂。

照片與愛心等物件的邊界模糊，醞釀出纖細溫和的印象。

對稱的紙面設計可以表現出沉著冷靜的厚重感。
留下的適度的空白，看起來還多了一分明亮。

1 左右兩側加上咖啡色緞帶，強
調對稱性。緞帶與留白間的平
衡也拿捏得很適宜，紙面結構
非常紮實。

2 細緻的裝飾效果線可以帶出奢
華感。

MINI LESSON

裝飾效果
-裝飾線-

加入典型的裝飾線，可以增添高貴優
雅的感覺。裝飾圖案的尺寸大，能呈
現奢華感，尺寸小則給人別緻的印
象。

美術館主題展的導覽 DM

想委託各位設計一份主題展的導覽DM，DM會放在館內訪客服務處或是賣票時一併發給客人。
本館附近有許多大學和專科學校，可以的話也希望能吸引年輕學子來館參觀。

客戶需求表

客戶名稱
市立工藝美術館

規格
明信片 縱向

目標客群
喜歡和服的女性，不分年齡

客戶的希望
華麗與氣質兼具的設計
年輕人也會感興趣的設計

應具資訊
・設施 LOGO
・主題展名稱
・活動時間
・説明文字

提供資訊

〔照片〕

市立工芸美術館
Municipal Crafts Museum

〔其他〕
文案資料

這些和服特別的
柔雅色調超美的！

既不陳腐也不拙樸
很時髦呢

用上鶴跟鳳凰
感覺會很吸睛～

我想保留和風的底
再加入具有現代感
的時髦元素

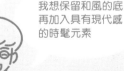

看看大家的成品！ ▶

Layout Variation

A

直接讓人看見
和服本身
的魅力！

B

若隱若現的
和服花紋
勾起好奇心！

C

將鶴與鳳凰
裁剪後編排
畫面更優美！

D

像拼圖一樣
拼貼圖片
工整美觀！

PRESENTATION

魅力十足的和服佔滿整個版面。
選擇形式單純的設計路線，
直接傳遞和服本身的美麗。

❶ 文字資訊全部排在右邊，清楚明瞭。

❷ 大標題使用柔美的書法體，展現纖巧、婉約的魅力。

❸ 裝飾效果僅使用簡單的直線與圓圈，凸顯和服的主角地位。

MINI LESSON

文字
- 書法體 -

形似毛筆寫出來的字體，通稱為書法體。具體包含教科書經常使用，美觀又易讀的標楷體，還有如出自書法大家之手的草書體，種類不計其數。下二範例也同樣屬於書法體。

DNP 秀英四号かな Std
しなやかさのある行書体

VDL 京千社
個性的なデザイン毛筆

(海報內容／直排文字)

美しい
きものの文様展

二〇二x
6月15日-30日

● 開館時間
10時～16時（入館は15時30分まで）

● 入場料
一般・700円　小中高生・400円

● 休館日
水曜日（日・祝は開館）

市立工芸美術館
Municipal Crafts Museum

將和服裁切成文字的形狀！
僅透露一部分的花紋
引起觀看者的好奇心。

1 為了更清楚傳達透露的花紋是什麼意思，「きもの」（和服）3個字尺寸特別大。

2 左右加上細緻圖樣和色塊的縱向條紋，整合版面內容。
我想這麼一來，版面雖然豔麗，卻也很俐落。

MINI LESSON

照片
- 裁切形狀與聯結 -

照片如果裁切成與照片中物體或內容有關聯的形狀，可以加強照片本身具備的意義，還能多一分趣味。

PRESENTATION

鶴與鳳凰的尺寸加大，
開門見山展示紋樣之美，
表現纖細的和風世界。

1 想像版面上有條對角線，藉此編排出
動感與安定感達到平衡的畫面。

2 使用花朵剪影，就可以在不打亂整體
日式氛圍的前提下，增添華麗的感
覺。

MINI LESSON

構成
-對角線-

即便是左右不對稱的版面，配置物件
時只要留意無形的對角線，也能編排
出安定感十足的版面。

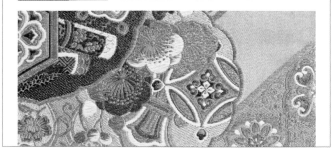

PRESENTATION

各元素都整理成四角形
像拼圖一樣拼湊組合！
成品十分美觀。

1 加寬字距好讓所有文字能完美收進四角形中，看起來很有LOGO的感覺。

2 將英文字視為一項設計元素安插進版面，和風印象強烈的大標題搭配時尚的英文字，譜出美妙的現代感。

MINI LESSON

文字
-編列成四角形-

若將文字配置成正方形，就會產生象徵性，形成類似LOGO的漂亮設計。

> あの日の僕と
> 君が乗ってい
> たバスと🚌
> -5.15fri. ROADSHOW-

整埋、並列文字時以收進四角形為優先，有時也需不顧斷句合理性。

CASE 17
管弦樂團音樂會的傳單

本次的節目主題為「20世紀的美國音樂」。
希望設計時能配合這項主題，與其他音樂會的傳單分出區別！

✏️ 客戶需求表

客戶名稱	規格
William Orchestra	A4 縱向

目標客群
喜歡古典音樂的 30～59 歲男女

客戶的希望
以「懷舊」和「復古」為主題的設計

應具資訊
- ·團體名稱
- ·音樂會名稱
- ·活動時間
- ·地址
- ·說明文字

提供資訊
〔照片〕

〔其他〕
　文案資料

稍微查了一下
發現絕大多數的設計
都是偏黑色調

而且風格比較正經
也就是說這份傳單不能
落入一樣的套路囉

或許不必太正經八百也能
表現出懷舊復古的感覺哦～

而且配色上
感覺棕色系
會比黑色更合適！

看看大家的成品！➡

LAYOUT VARIATION

A

加上相框
做成典雅的
舊書風！

B

懷舊的
電影海報風
特色鮮明！

C

泛黃老書頁般
的質感，散發
出古典氣息！

D

令人不禁回憶
往昔時光的
底片風格！

做成令人聯想到舊書的典雅設計。
透過適當的配色與相框樣式
成功表現出年代感。

1 整張版面所使用的相框線條套用斑駁的效果，讓畫面多了一些韻味。

2 我覺得具有手寫味道的書寫體也和復古風設計很合。

3 背景和文字色不選擇白色而是米色，可以令版面整體散發出一股古典味。

MINI LESSON

裝飾效果
-斑駁-

加上一點斑駁的效果，就能替物件增添陳舊感，所以想要做出復古、懷舊、古董風味時，非常適合加入斑駁效果。不過用在文字上時，須注意不要破壞可讀性。

做成有質感的懷舊電影海報風。
跳脫音樂會傳單的框架,
以別具特色的設計鶴立雞群!

1 標題與活動日期組合成LOGO風,作為主要元素大大配置在版面上。

2 因刻意減少色數,所以背景加上輻射線,避免畫面過於枯燥。

3 照片灰階處理後再調整對比度,做出充滿20世紀感的設計。

MINI LESSON

照片
-對比度-

對比度調高,會讓明暗差異更明顯,畫面看起來也更清晰。相對的調低則會減少明暗差異,給人模糊不清的柔和印象。

對比度低	未經調整	對比度高

整份設計模仿老舊書頁的質感，
藉此與一般傳單走出不同的路！
整體飄散著復古的氣息。

1 搭配使用書法、襯線、手寫等各種字體，做出復古風情滿滿的標題LOGO。

2 人物照片也設計成標題的一部份，做出與常見音樂會傳單不一樣的風格。

3 底部加入酒紅色線條，可以穩定紙面的結構。

MINI LESSON

文字
- 字體的搭配使用 -

多款不同印象的字體搭配使用，可以
表現出宛如真人手寫般的趣味效果。
我會建議用印象完全相反的字體搭
配，例如粗黑體和書法體。

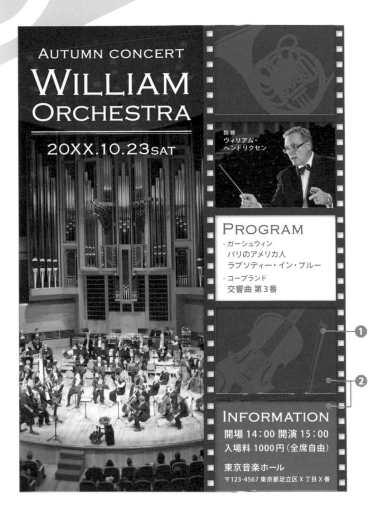

AUTUMN CONCERT

WILLIAM ORCHESTRA

20XX.10.23 SAT

指揮
ウィリアム・
ヘンドリクセン

PROGRAM

- ガーシュウィン
パリのアメリカ人
ラプソディー・イン・ブルー
- コープランド
交響曲 第3番

INFORMATION

開場 14:00 開演 15:00
入場料 1000円（全席自由）

東京音楽ホール
〒123-4567 東京都足立区 X 丁目 X 番

PRESENTATION

設計成懷舊感十足的底片風格，
讓人看了忍不住緬懷過去的時代。
透過縱向分割的版面來吸引目光。

1 讓寫實的物件剪影隱約浮現在藏青色
的背景中，營造出深沉的氣氛。

2 整體配色為濁色調，給人恬靜、安穩
的印象。

MINI LESSON

配色
- 濁色調 -

濁色調就是在明亮的顏色中加入一點
黑色，看起來有些混濁的色調。這種
色調通常給人一種沉靜的感受，經常
用於表現成熟氛圍。

動物園的宣傳海報

最近有越來越多客人想來拍可愛照片，或體驗不同於日常生活的氣氛。
所以這次的海報假定是主要做給那些客人看的。

 ## 客戶需求表

客戶名稱
南區立 布施動物園

規格
B2 橫向

目標客群
對拍照有興趣、喜歡動物的任何人

客戶的希望
不管是有帶小孩的家庭
還是一般大人都能享受逛園樂趣的設計

應具資訊
- 設施 LOGO
- 地址、電話號碼、URL
- 標語
- 説明文字

提供資訊

〔照片〕

〔其他〕

文案資料

長大之後再
參觀動物園
也別有一番趣味耶

可能會有一些
新發現對吧！

可愛的動物……
看了好療癒喔

拍照分享到
社群媒體上也是
一種樂趣呢

看看大家的成品！

LAYOUT VARIATION

使用大大的
動物照片
直接吸引目光！

令人好奇的
文字訊息
激起興趣！

主要使用
圓形的圖框
輕鬆愜意！

正方形照片的
社群媒體風
非常吸睛！

PRESENTATION

無尾熊的照片幾乎占滿版面，成為一大焦點。
與白底部分形成對比，做出了非常顯眼的海報。

1 簡單的編排，加上手寫文字等非電子式的表現方法，可以營造出動物園所具備的溫馨感。

2 雖然我很想一視同仁，放大每種動物的照片，但最後還是下定決心讓無尾熊當主角，其他動物則去背後縮小放在一邊。我認為我成功做出了一份會讓人想入園看無尾熊，令人印象深刻的海報。

MINI LESSON
照片
-裁切方法與組合-

於同一張紙面上配置多張照片時，混合使用不同的裁切方式，例如四角形照片＋去背照片，就可以做出對比鮮明的生動版面。

PRESENTATION

令人好奇的文字訊息占滿整個版面,吸引注意力!做出一張如文字所示,讓人真的想「じっくり」(仔細)看看的海報。

1 文字和動物穿插編排,做出動物園的歡樂氣氛。

2 利用對話框,表現歡樂趣味的感覺。

3 整個版面用橘色相框框住,觀感變得明亮又愉快。

MINI LESSON

文字
-視為物品處理-

將一般不作為 「物品」 存在於現實世界的 「文字」,當作 「物品」 來對待,可以做出印象強烈且獨特的視覺效果。

圓形的照片和物件給人的感覺十分和煦。
充分展現動物自然又可愛的表情。

❶ 增加圓點強調 「じっくり」
（仔細） 的文字。

❷ 各種動物的說明文編排方式刻
意不統一，有的採曲線型，有
的採圓弧狀，有的則使用直線
編排，溫馨之中又帶有一股趣
味。

文字
-圓點-

標語或文章中的部分文字頭上標註圓
點，不僅可以使文字獲得強調，視覺
上也可以發揮裝飾的效果，或是令感
覺變得更鮮活。強調標記的形式不
同，如圓點或頓號型的頓點，給人的
感覺也截然不同。

丸傍点 ゴマ傍点

PRESENTATION

刻意使用正方形來模仿社群媒體的畫面。
我想喜歡拍照的客人也會因而產生興趣。

1 照片修成微微褪色的模樣,消除照片本身的生硬,同時塑造出套用社群媒體濾鏡般的效果,統一整體色調。

2 重點使用黃色作為強調色,讓版面內容主次分明。

MINI LESSON

照片
-褪色加工-

調整照片的色調和對比度,呈現褪色效果,就可以做出時髦或復古等不同的印象。

\\ 花栗的 //
客戶發來追加訂單了!

- 票券版面 -

美術館的主題展 DM 大獲好評,所以客戶發了追加的訂單過來。
對方希望票券的設計也和 DM 維持同一個路線。

① 市立工藝美術館 Municipal Crafts Museum

美しいきもの
の文様展

202X
6月15日-30日

【開館時間】10 時~16 時〔入館は 15 時 30 分まで〕
【入館料】一般・700 円 小中高生・400 円
【休館日】水曜日〔日・祝は開館〕

美しいきものの文様展
当日券 一般 700円 **②**

LAYOUT POINT

① 版面空間細長有限, 編排元素時必須多費點心思, 彼此間距拆開一點, 避免給人侷促的印象。

② 要撕掉的部分空間特別狹小,所以僅編排最低限度的要素。背景鋪上金色色塊,與票根構成完整的一體。

就算形狀細長
只要有注意對角線構圖
要取得畫面平衡
還是不會太困難

LIVING

圖書館的活動海報

我們將聘請專業人員，舉辦一場為孩童朗讀圖書的活動，所以想請你們製作一份活動海報。
海報會張貼在館內、區公所、附近的幼稚園和托兒所、兒童館等地方。

✏️ 客戶需求表

客戶名稱
足立圖書館

規格
A4 縱向

目標客群
家中有幼兒的父母

客戶的希望
一眼就能看出是兒童活動的海報

應具資訊
- ·活動名稱
- ·活動日程
- ·設施 LOGO
- ·地址、電話號碼
- ·説明文字

提供資訊

〔照片〕

📖 あだち図書館

〔其他〕
文案資料

做出歡樂的氣氛
感覺會好一點

不過太活潑的話
又不太符合活動性質

畢竟內容是
圖書朗讀嘛～

增添些許
溫柔的氣息
感覺不錯！

看看大家的成品！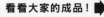

LAYOUT VARIATION

A

設計成書本模
樣，訴諸視覺
的簡明設計！

B

五顏六色的
手寫風文字
奪人目光！

C

如繪本般使用
溫馨柔和的
大量插圖！

D

白色背景加上
童趣裝飾易
讀又歡樂！

以翻開書本的插畫為背景。
做出任何第一次看到的人
都能馬上掌握活動內容的海報。

① 大標題的文字和裝飾效果選擇色鉛筆和蠟筆筆觸，塑造出兒童手繪的印象。

② 整體色調偏明亮，充滿明朗且溫柔的氣氛。

MINI LESSON

配色
- 淺色調 -

淺色調是在純色中加入白色的色調，給人明亮且爽朗的印象。淡粉彩色也屬於淺色調的一種，經常使用於目標對象為兒童或女性的設計。

PRESENTATION

手寫風字體成為亮點！
童趣十足的繽紛配色，
讓標題活像一個LOGO。

1 文字搭配插圖，可以增加吸睛效果，
還有一種與眾不同的原創感。

2 為避免整體流於枯燥呆板，一部分的
文字選擇用對話框方式呈現。
除了增加平易近人的感覺，也能發揮
整理資訊的效果。

MINI LESSON

裝飾效果
- 對話框 -

使用對話框，可以營造出輕鬆不拘的
印象，容易令人感到親近。對話框的
特色在於容易融入各種設計，能簡單
增加活潑感。

135

PRESENTATION

以插畫為主體的繪本風。
以太陽公公、蝴蝶、小花來裝飾，
令整體呈現溫暖和煦的氣氛。

❶ 運用Q版插圖來創造平易近人的氣氛。

❷ 照片和太陽一樣裁切成圓形，可以給人圓融、溫和的感覺。

❸ 雖然用色豐富，但降低彩度的情況下，看起來並不會「雜亂」，而是充滿溫馨和樂。

MINI LESSON

裝飾效果
-Q版-

Q版是一種將物體特徵誇張化，同時使整體簡略化的插圖繪畫技法。Q版圖形大多不會表現出細節，輪廓相對圓滑，可以表現出可愛親近的氣氛。

えほんの
よみきかせかい

親子限定締切!

大きな声を出しても
大丈夫

NPO法人「おはなしの会」所属の
人気の読み手をお迎えします。
ぜひ親子でご参加ください。

4.18 (土)
❶ 9:30〜11:30
❷ 13:00〜15:UU

対象：2歳以上の未就学時とその保護者
料金：無料

あだち図書館
〒123-4567 東京都足立区X丁目X番 パワービル2F　TEL 03-1234-567X

PRESENTATION

中央的白色背景令文字清楚易讀！
背景和裝飾皆加入童趣十足的圖樣，
版面充盈著歡樂的氛圍。

❶ 想像是要幫兒童房間貼壁紙一樣，選
用雲朵圖案作為背景紋路，增加趣味。

❷ 加上三角旗掛飾來營造活動感，避免
版面顯得無趣。

MINI LESSON

裝飾效果
- 掛飾 -

掛飾是一種經常會出現在派對等活動
場合的室內裝飾品，其長條狀的外型
很容易融入設計，可以輕鬆增加紙面
的華麗感。

CASE 20
補習班的宣傳海報

為配合下個年度的新生招募活動，想委託各位設計一份宣傳海報。
希望能讓追求更多學習機會的學生明白我們有多認真！

✏️ 客戶需求表

客戶名稱	規格
全力補習班	B3 橫向

客戶名稱

有心努力念書的國高中生及其父母

客戶的希望

訊息傳遞力強，令人印象深刻的設計

應具資訊

・設施 LOGO
・地址、電話號碼、URL
・標語
・説明文字

提供資訊

〔照片〕

〔其他〕

　文案資料

堅定的信念
真教人佩服……！

就算只用女孩子的照片
看起來也很有衝擊力……

想要加深給人的印象
必須多費點心思呢

目標與其設定成孩子
或許設定成家長
會比較適合

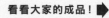
看看大家的成品！ ➡

LAYOUT VARIATION

A

人物雙眼
炯炯有神
強調認真態度！

B

讓宣傳標語
重疊在照片上
的組合技！

C

多展現一些
獨創性
來加深印象！

D

大大方方地
傳遞想表達
的訊息！

以不平凡的方式來裁切
存在感極強的人像照，
讓畫面印象更為鮮明！

1 裁切照片，將人物擺在左邊，於視線
延伸出去的方向創造空間，增加畫面
的故事性。

2 紙面斜向分割，可以創造一股魄力，
做出更令人印象深刻的設計。

3 使用靛藍色，顯示出認真且真誠的印
象。

MINI LESSON

構成
- 斜向分割 -

紙面斜向分割，可以營造動作感，同時
還能保有直線的銳利印象。所以想要創
造魄力或整理出俐落時尚的版面時，斜
向分割可以發揮非常大的功用。

新入学生
受付中

可能性を
信じる

全力ゼミナール
https://www.pd_layout.com 進学ゼミ
📞03-1234-567X
〒123-4567 東京都足立区Ｘ丁目Ｘ番 パワービル2F

PRESENTATION

背景照片疊上宣傳標語，
正面傳遞堅定不移的意志。
不矯飾的版面印象誠懇。

❶ 文字放大至兩端穿出版面，可以提高
標語的存在感。接著再與印象鮮明的
照片重疊，兩者相輔相成，做出視覺
震撼非常強勁的版面！

❷ 「新入学生受付中」（入學新生開放
報名）也是相當重要的資訊，於是以
旗幟的形式做成LOGO風，增加吸睛
度。

MINI LESSON

文字
- 與照片重疊 -

一般人經常認為照片疊上文字只會擋
到照片所拍攝的物體，但其實調整好
平衡，反而可以做出充滿魄力的設
計。

生命のいぶき

可能性を
信じる

新入学生
受付中

全力 ✎
ゼミナール

📞03-1234-567X
〒123-4567
東京都足立区 X 丁目 X 番 パワービル 2F
https://www.pd_layout.com
進学ゼミ 🔍

風格介於幻想與現實之間。
以特殊的畫面風格強調獨創性，
做出獨一無二的海報。

❶ 以八角形為主要圖形，照片、色塊、
線條組合出立體感。照片內容雖然現
實無比，卻莫名散發出一股幻想的味
道。

❷ 藍色與白色搭配形成的穩健配色，加
上黃色作為強調色，凸顯出標語。

❸ 背景的方格筆記紙是從學習、念書聯
想到的表現。

MINI LESSON

配色
- 強調色 -

相對於紙面上佔據大量面積的主色，
僅重點使用的「最顯眼顏色」就是強
調色。

以主色的對比色（補
色）作為強調色。

雖然是同色系，但彩
度、明度不同也可以
形成強調色。

PRESENTATION

女孩的眼神散發出堅定的意志，
編排成彷彿和觀看者四目相交的模樣！
活用照片內容，做出簡潔有力的設計。

1 人物照片刻意置中，不營造任何故事性，只強調直視著前方的視線，加深觀看者印象。

2 文字資訊整理在下半部，並以直書編排，表現認真、堅定的心念。

MINI LESSON

文字
- 直書 -

以直書為主的印刷品包含報紙、小說、獎狀等等。這些印刷品形塑出直書認真、誠實、嚴格的印象，所以在版面上加入直書的文字，也可以增添上述的印象。

英語會話教室的電車廣告

請設計一份主要以通勤的社會人士為對象的電車門旁海報。
由於我們是英語會話教室,在設計中加上淺顯易懂的「對話框」怎麼樣?麻煩各位了!

✏ 客戶需求表

客戶名稱	規格
英語會話 EIGO	B3 橫向

客戶名稱
不分男女,20 ～ 39 歲的社會人

客戶的希望
在電車內特別引人注目的設計

應具資訊
- 設施 LOGO
- 地址、電話號碼
- 標語
- 說明文字

提供資訊
〔照片〕

〔其他〕
　文案資料

對話框可以令
文字資訊更清楚
感覺不錯耶!

同樣是對話框
表現方式也分成很多種喔

真傷腦筋
要設計成什麼風格呢～

模特兒的照片
感覺也能
做一些變化!

看看大家的成品! ➡

LAYOUT VARIATION

背景追加某些
國外的照片
幫助觀看者想像！

美式漫畫風格
的活潑表現
力道十足！

使用身邊
常見的筆記本
感覺更生活化！

繽紛奪目的
漫畫風
歡樂無窮！

PRESENTATION

增加國外的風景照，並跟模特兒的照片合成！
令人聯想到國外出差和旅遊的感覺，提高學習意願。

1 隨機配置照片，營造歡樂的氛圍。

2 老師的照片特別放大，與其他隨機配置的照片做出區別，讓版面亂中有序。

3 部分模特兒的照片以及對話框穿出相框，做出立體感，打造印象深刻的海報。

MINI LESSON

照片
- 部分照片穿出框架 -

只去除照片的部份背景，就會產生物體彷彿穿出背景的錯覺，增添一分喜感。想要創造更多歡樂氣氛或親近感時，這種方法十分有效。

PRESENTATION

以美式漫畫風格的表現，帶來偌大的視覺衝擊力。
俐落夠勁的黑色線條讓整體更加活潑。

❶ 背景使用輻射線，是提高注目
度的小巧思。

❷ 填滿點狀紋路，更有美式漫畫
的感覺。

❸ 模特兒的照片也加工成美漫插
圖風格，統一整體設計的走
向。

MINI LESSON

裝飾效果
- 美式漫畫風 -

對比鮮明的配色和點狀圖紋，都是特
別強調繪圖感的美漫風格。這種風格
畫面鮮活且力道十足，適合表現活力
與樂趣、激情。

使用隨處可見的筆記本，拉近海報與觀看者間的距離。
對比強烈的配色，在電車內也很引人注目！

① 標語以克漏字的形式呈現，有些淘氣。填上手寫風的文字，可以營造出更真實的感覺。

② 裁切模特兒的照片，只留下臉和手，很有喜劇效果，可以加深觀看者對海報的印象。

裝飾效果
- 熟悉物品的圖樣 -

將生活周遭物品的圖樣加入設計中，有助於傳遞印象，也可以增添親近感。像範例中使用的是筆記本，而料理教室的話則可以用刀叉。

看板

PRESENTATION

對話框一個接一個跳出，版面活力充沛！
利用五顏六色的漫畫風，增加吸睛程度。

1 左右兩側的漫畫格穿出版面，
給人一種畫面持續向外延伸的
寬闊感，展現活力與動感。

2 使用多種不同紋路，例如點和
條紋，可以營造熱鬧的印象。

3 增加色數，版面看起來快樂又
充滿親和力。

MINI LESSON

裝飾效果
- 紋路 -

同一張紙面上使用多種紋路，能交織
出熱鬧歡樂的印象。不過須小心選擇
使用的圖案，才能維持整體風格的統
一。

點和條紋既活潑又 花紋和格紋很少女
生動。 很可愛。

大學開放校園體驗活動海報

本校將於夏季舉辦開放校園體驗活動，想委任各位製作海報！
海報預計發給有機會出現考進本校學生的高中，還會張貼在周邊地區的公共設施和布告欄。

✏️ 客戶需求表

客戶名稱	規格
田村學園大學	A2 橫向

客戶名稱

以升大學為目標的所有高中生

客戶的希望

不會太嚴肅也不會太隨便，讓人感受到光明未來的設計

應具資訊

- 學校名稱
- 學校 LOGO
- 活動期間、時間
- 標語

提供資訊

〔照片〕

〔其他〕

文案資料

讀高中的時候
我也很憧憬
成為大學生呢

那個時候
真青春啊！

望過去第一眼的印象
應該滿重要的囉～

不會太嚴肅
又不要太隨便
唔……

看看大家的成品！ ▶

LAYOUT VARIATION

加入幾何圖形
將觀看者拖入
海報的世界！ A

用手寫文字
提高訊息性
打動人心！ B

多用點與圓
拉近距離！ C

放上歡樂的
校園生活照
給予高中生夢想！ D

PRESENTATION

套用幾何圖形表現近未來感。
目的是要將觀看者拖進版面上的世界！

❶ 處處散落著圓型、三角形等幾何圖案，構築出近未來的意象。

❷ 色塊與色塊穿插交疊，帶出輕快與立體感。

❸ 隨意編排方形照片，截下校園生活的各種畫面。

MINI LESSON

裝飾
- 幾何圖案 -

許多飾品上也會採用的幾何圖案，適合用來製作具備時尚感或年輕感的設計。也可以混合使用面、線等不同形式的圖案。

PRESENTATION

標語使用手寫文字，強調訊息內容，
做出一張增進當事者注意的海報。

1 標語不選擇一般電腦字體，而是選擇手寫體，我想這樣高中生也比較容易看進去。

2 為了加強「向前邁進」的感覺，我插入了腳印的圖案。

3 組合運用六角形與三角形來整理相片，可以補上適度的俏皮感。

MINI LESSON

文字
- 加上插畫 -

加上小小的插畫可以刺激觀看者的想像力，傳達文字本身難以傳遞的情感。

✦ お願いします ✦✦
♥ お願いします ♥
お願いします 💧

利用點和圓的圖案來消除生硬感，讓海報更親近！
設計出令高中生感覺能輕鬆參與的氛圍。

1 為減少觀看者的緊張，選用圓型作為版面上主要的圖形，營造出和藹可親的印象。而且圓形有大有小，畫面一點也不單調，生動無比。

2 字母用兩種顏色交互配置，產生歡樂的印象。

3 為了滿足顧客的要求，取得不會太嚴肅也不會太隨便的平衡，我用相對正式的相框圍住版面。

MINI LESSON

裝飾效果
- 點 -

點狀紋路會依尺寸、間隔大小不同而產生不一樣的氣氛，所以必須配合想要表現的感覺來調整用法。

小×窄	小×寬	大×寬
優雅	優雅	活潑

PRESENTATION

使用大量照片來展現樂趣多多的校園生活魅力。
做出讓高中生對上大學產生嚮往的設計。

1 平均分割紙面，並排每張照片，讓觀看者看清楚每一個畫面。

3 文字資訊集中在正中央，做成徽章風，更清晰易讀。

2 處處蓋上閃亮亮的圖章，增加整體明亮的印象。

MINI LESSON

裝飾效果
- 徽章風 -

將制服外套上常見的校徽的概念應用到設計中，就能做出所謂的「學院風」。

- 名片版面 -

補習班非常中意我設計的宣傳海報，所以也請我接著設計講師的名片。
名片是一間公司的門面，至關重要，必須繃緊神經好好設計！

LAYOUT POINT

❶ 為了增加知性的感覺，文字尺寸調整得稍小，相對地字體選擇比較容易閱讀的黑體。

❷ 左邊加入一條與LOGO同樣為藏青色的線，給人一股誠實認真的印象。

只是加一條線
就嚴謹多了呢

HEALTH

CASE 23
健身俱樂部的海報

麻煩各位製作一份用來張貼在場館入口處和附近車站布告欄的海報。
我們健身房走一個自我要求的路線，所以希望海報能吸引想認真鍛鍊身體的人。

 客戶需求表

客戶名稱	規格
POWER FITNESS	A2 縱向

客戶名稱
出社會後運動不足或在意體型變化的男性

客戶的希望
讓人感覺到認真、決心的設計

應具資訊
- 設施名稱
- 設施 LOGO
- 地址、URL
- 標語
- 説明文字

提供資訊

〔照片〕

〔其他〕
　文案資料

看起來真有
毅力⋯⋯！

版型較大，感覺可以做出
氣勢逼人的海報呢！

全體只用黑色與紅色
的話感覺會很帥氣～

畢竟人家都說
紅色是刺激人類
本能的顏色嘛

看看大家的成品！ ➡

LAYOUT VARIATION

緊張感與
熱情兼具
認真男人的魅力！

宣傳標語
加上裂痕效果
展現魄力！

用圖表風格
的設計來強調
認真的態度！

只使用
白、黑、紅 3 色
帥到不行！

PRESENTATION

沉靜的版面帶著一絲緊繃，並以紅色作為強調色增添熱情！
利用緊張感和熱忱兼具的版面，展現認真鍛鍊的魅力。

❶ 照片雖然給人一種默默進行鍛鍊的印象，但加入狂野塗抹似的紅色筆刷，可以展現出隱藏在鍛鍊者內心的熱忱與魄力。

❷ 刻意將模特兒照片的位置偏離中線，產生有脈絡的構圖。

MINI LESSON

配色
- 顏色的印象 紅色 -

紅色主要給人一種活潑、充滿能量的印象，也具有刺激性、個性強烈，如果想要強調某部分，可以使用小面積的紅色達到非常棒的效果。

20XX.1.6 FRI
あの二人が帰ってくる…！
詳しくは **リターンズ** で検索!!

PRESENTATION

文字加上裂痕效果，宛如鼓勵大家衝破自己的極限。
讓人看到這張意志堅強、魄力十足的海報時不禁停下腳步！

1 文字擺在模特兒背後，可令文字與照片合而為一，進一步強調這張海報整體的印象。

2 縮小字距，讓人感覺到速度感與緊迫感，造就更多的魄力。

MINI LESSON

文字
- 擺在物體背後 -

當文字與照片重疊時，消除與照片重疊的部分，可以讓文字看似夾在背景與物體之間，加深視覺印象。

PRESENTATION

套用商業圖表的風格來編排訓練照片。
展現努力鍛鍊的模樣，強調認真的態度。

❶ 3張照片裁切成不同的尺寸，彼此間強弱分明。

❷ 標語的「本気」（認真）背後塗上紅色色塊，加以強調。由於整張版面上只有該處使用紅色，因此同時也達到了點綴的效果，維持紙面架構的嚴謹。

MINI LESSON

裝飾效果
- 網格線 -

畫出長寬均等的網格線，就可以做出圖表風或方眼筆記本風的背景。想要給人重視數據、研讀、紀錄或管理等印象時，這種手法十分有效。

自然派コスメ研究所
- Organic Cosmetics Laboratory -

PRESENTATION

照片灰階化處理，強調肌肉線條與陰影。
極力減少色數，凸顯內容的訊息性。

1 排除多餘的色彩資訊，將訊息控制到只剩下最簡單的一件事：「我正在訓練」。

2 照片間刻意留下紅色的間隔，點綴版面。

3 標語文字打斜，營造出速度感。

MINI LESSON

文字
- 斜體 -

斜體文字會讓人感覺到速度感和氣勢。如果又選擇線條較細的字體，還能多一分清爽的觀感。

スピード感を演出

細いフォントで爽やかに

個性派スタイリッシュ

CASE 24
照護設施的徵人海報

我們準備招募新血，所以想請各位製作一份海報好讓我們發給相關大專院校。
這些照片是我們之前拍來放在官方網站上用的，各位可以自由使用。

 客戶需求表

客戶名稱
三日月之家

規格
A3 縱向

客戶名稱
以成為照服員為目標的學生

客戶的希望
明朗和煦的印象，且今後也能一直沿用下去的設計

應具資訊
- 設施 LOGO
- 地址、電話號碼、URL
- 地圖
- 標語
- 說明文字

提供資訊

〔照片〕

みかづきホーム🏠

〔其他〕

地圖、文案資料

每張照片裡的人都笑得好燦爛

可以感覺到他們工作時生氣蓬勃的呢！

之後也能一直使用的設計啊～

所以要做出不受流行影響的成品囉

看看大家的成品！ ➡

LAYOUT VARIATION

A

放大照片中
燦麗的笑容
展現魅力!

B

配色選用橘色
傳遞正面陽光
的印象!

C

仿造病歷
模樣的
文件板夾風!

D

好幾張笑容
並排在一塊
幸福洋溢!

アットホームな職場で
一緒に笑顔を作りませんか？

❶

未経験者
OK!

❸

介護スタッフ募集

❷

経験者優遇 │ 交通費完全支給 │ 昼食用意 │ 勤務時間応相談

☎ 03-1234-5678

〒123-4567 東京都足立区 X丁目X番 パワービル2F
https://www.pd_layout.com

みかづきホーム 🏠

PRESENTATION

放大照片中魅力無窮的笑容
強調生氣勃勃的工作模樣！
還能讓人感受到溫馨的氣氛。

❶ 放大並裁切照片，凸顯員工的笑容，
加強畫面力道。

❷ 重要資訊整理在底部，並淡化該處背
景的照片來提高可讀性。

❸ 為了強調 「未経験者OK！」 （無經
驗者可），將字樣做成標誌的樣子，
和其他文字分出區別。

MINI LESSON

文字
- 可讀性 -

照片上的文字若難以辨識，有幾種解
決方法，除了淡化照片，還可以插入
半透明的物件，或是替文字加上光暈
或陰影等效果。

半透明的物件既不
會破壞照片給人的
印象，還能提升文
字的可讀性。

未経験者OK!

介護スタッフ募集

アットホームな職場で一緒に笑顔を作りませんか?

■経験者優遇　　■交通費完全支給

■昼食用意　　　■勤務時間応相談

みかづきホーム

📞03-1234-567X

〒123-4567 東京都足立区 X 丁目 X 番 パワービル2F
https://www.pd_layout.com

PRESENTATION

使用橘色來營造正面的印象。
放大「員工招募」的字樣,
讓人從遠處也能看清楚內容。

❶ 以圓形為主要物件,套用在照片裁切
與背景紋路上,建構出溫柔和善的氣
氛。

❷ 注意設計要能長期使用,所以裝飾盡
可能選擇簡單、基本的東西。

MINI LESSON

配色
- 顏色的印象 橘色 -

橘色能帶來活潑且正面的印象,不過
只要調整色調,也能產生以下不同的
感覺。

暗色調	淺色調
令人聯想到楓葉、晚霞等意象,表現出哀愁與感傷。	令人聯想到陽光般溫暖且和煦的印象。

167

利用插圖創造溫馨感。
做成辦公文件板夾的風格,
增加設計整體的親近感。

1 可愛的小鳥插圖與植物牽成的線條,
營造出平和的印象。
由於這張海報的目的是招募員工,所
以版面上的資訊整理得比較工整,給
人一種鄭重的感覺。

2 仿造待辦事項的條列式編排,將徵才
條件整理得十分明確。

MINI LESSON

裝飾效果
- 條列式 -

利用條列式寫法,可以輕易整理出條
件或做成清單。善用插圖或圖示進行
設計,就能避免畫面看起來過於死
板。

| 環境を守ろう | 新感覚 |
| どんなことができるかな? | ファンデーション |

四葉草的圖示很平　　與文字重疊,感覺
易近人。　　　　　　很優雅。

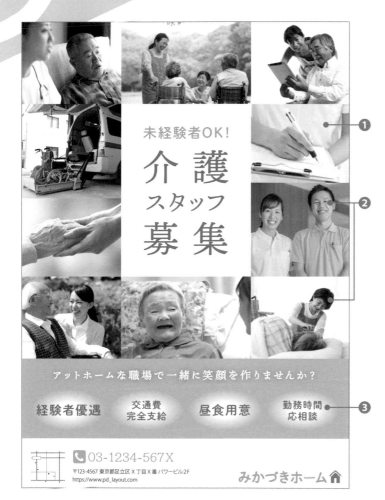

PRESENTATION

使用大量照片傳遞笑容的魅力！
版面配置簡明扼要，
搭配使用顏色營造出和諧氣氛。

1 版面中編入多張笑容的照片，但也穿插幾張不同主題的照片，避免整個版面都是人像照。

2 照片縮放程度也有大有小，版面錯落有致。

3 加入白色的模糊部分，增加文字顯眼度，也給人溫和的印象。

MINI LESSON

照片
- 多張照片的裁切 -

要並列多張照片時，可以透過裁切方式區分強弱，形成對比。也可以反其道而行，重複編排同樣構圖的照片，做出印象鮮明的設計。

人物照以同樣縮放比例、同樣置中的編排方式，可以增加震撼力。

CASE 25
兒童醫院的形象海報

麻煩各位替我們醫院設計一份形象海報。海報會張貼於院內、最近的車站、附近區域。
我們是兒童醫院，所以設計時除了信賴感、潔淨感，也希望能表現出溫柔的印象。

✏️ 客戶需求表

客戶名稱	規格
大田兒童醫院	A3 縱向

客戶名稱
家中有小朋友的父母

客戶的希望
值得信賴、具潔淨感、安心感卻不會太嚴肅的設計

應具資訊
- 設施名稱
- 地址、電話號碼
- 地圖
- 標語
- 門診時間表

提供資訊
〔照片〕

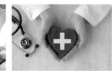

〔其他〕
地圖、文案資料

要表現信賴感、清潔感
當然是要用藍色系囉！

如果給人的印象太嚴肅
確實也不會想帶小孩子去呢

我想表現出設身處地
替對方著想的心意

我很擅長製作
具有安心感的設計

看看大家的成品！ ➡

LAYOUT VARIATION

A

正方形的
照片與色塊
帶來信賴 &
清潔感!

B

說進觀看者
的心坎裡
刺激想像力!

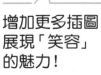

C

增加更多插圖
展現「笑容」
的魅力!

D

置中對齊可以
讓人感受到
信賴與安心感!

あなたの笑顔が
みんなの笑顔

医療法人
おおた小児医院

☎ 03-1234-567X

〒123-456
東京都足立区
X丁目X番
パワービル2F

診療時間	月	火	水	木	金	土
午前診療 10:00〜13:00	○	○	休	○	○	○
午後診療 15:00〜19:00	○	○	休	○	○	×

※定休日：水曜日・日曜日

PRESENTATION

井然有序地編排正方形，打造篤實的印象。並利用令人感到信賴、乾淨的配色，營造清爽且明亮的印象。

1 某些部分加入跳脫秩序的白色線條，增加畫面的生動感，消除生澀嚴肅的印象。

2 以色調明亮的藍色與紫色為主色，鋪陳出整體清新的印象。

MINI LESSON

配色
- 顏色的印象 藍色 -

藍色基本上給人一種乾淨、認真的印象，但色調經過調整，也可以帶來不同的感覺。

暗色調

誠實且知性的印象。也很適合表現沉著冷靜的感覺。

淺色調

清爽且具有透明感，也能讓人感受到稚嫩的氣息。

あなたの笑顔が
みんなの笑顔

1

2

3

医療法人
おおた小児医院

診療時間	月	火	水	木	金	土
午前診療 10:00〜13:00	○	○	休	○	○	○
午後診療 15:00〜19:00	○	○	休	○	○	×

※定休日：水曜日・日曜日

〒123-456
東京都足立区
X丁目X番
パワービル2F

📞 03-1234-567X

PRESENTATION

試圖將話語說入人心的表現方法，
令看到海報的人不禁聯想到
自己身邊的人的笑容。

1 標語放入隨機配置的長方形，產生一種彷彿在 「對人說故事」 的感覺。

2 我想表現出充滿笑容的感覺，所以多加了一些兒童的照片。

3 顏色重疊的部分選擇色彩增值模式進行混色，表現透明感和立體感！

MINI LESSON

配色
- 顏色堆疊 -

透過色彩增值模式來堆疊顏色，可以營造出透明感、立體感。比起平面且呆版的單純色塊，可以展現出更加柔軟、溫和的印象。

無色彩增值	有色彩增值

173

医療法人
おおた小児医院

あなたの笑顔が
みんなの笑顔

① ② ③

📞03-1234-567X

〒123-4567
東京都定立区 X丁目 X 番
パワービル2F

診療時間	月	火	水	木	金	土
午前診療 10:00~13:00	○	○	休	○	○	○
午後診療 15:00~19:00	○	○	休	○	○	×

※定休日：水曜日・日曜日

追加插圖來強調「笑容」！
做出一份令排斥醫院的人
更容易接受醫院的設計。

❶ 加入手繪風插圖，營造溫馨、溫柔的
印象。

❷ 照片加上白框，做出立可拍風格，讓
海報看起來有如收藏了許多回憶的相
簿。

❸ 背景以直線方式區分色塊，增添正經
感，取得整體平衡。

MINI LESSON

照片
- 白框 -

替多張照片加上白色邊框時，所有照
片的白框寬度需統一才會好看。

× ○

174

医療法人
おおた総合病院

あなたの笑顔がみんなの笑顔 ❷

❸

〒123-4567
東京都足立区Ｘ丁目Ｘ番
パワービル2F
📞 03-1234-567X

診療時間

	月	火	水	木	金	土
午前診療 10:00~13:00	○	○	休	○	○	○
午後診療 15:00~19:00	○	○	休	○	○	×

※定休日：水曜日・日曜日

PRESENTATION

置中對齊可以衍生出安心感。
讓人感覺這是一間可以放心
帶孩子去看醫生的醫院！

❶ 集中於中央的照片尺寸，超出上下配
置的頁面框線範圍，消除生硬窘迫的
印象。

❷ 字體選用圓黑體，打造柔和的印象。

❸ 我認為刊登院內照片也有助於展現清
潔感！

MINI LESSON

構成
- 頁面框線 -

在框線的使用方式上做變化，就可以
創造出各種風貌的設計。

將照片擺在優美的
框線中，並堆疊文
字，營造時尚感。

宛如蓋住框線般重
疊相片，可以做
出戲劇性十足的版
面。

中藥品的夾頁廣告

這是為想要解決肥胖、浮腫、便祕等問題的顧客量身打造的中藥品。
希望各位設計出一份能自然誘導觀看者進行訂購、索取資訊的傳單。

客戶需求表

客戶名稱	規格
漢方健康堂	A4 縱向

目標客群

煩惱身材肥胖、浮腫、便祕的人

客戶的希望

讓人感覺得出商品成分很天然的設計

應具資訊

- 公司 LOGO
- 商品 LOGO
- 電話號碼、URL
- 標語
- 説明文字

提供資訊

〔照片〕

〔其他〕

　文案資料

重點應該是如何自然誘導觀看者吧……

胡亂凸顯訂購跟索取資訊的意圖會讓人覺得很庸俗

很常會看到這種設計呢～

首先應該透過設計來展現己方的誠實與信用比較好……

看看大家的成品！ ▶

LAYOUT VARIATION

A 窗明几淨的
背景照片
令人神清氣爽！

B 強調問句來吸
引懷著煩惱的
潛在顧客！

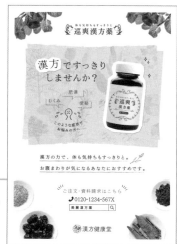

C 使用布料質地
營造自然感！

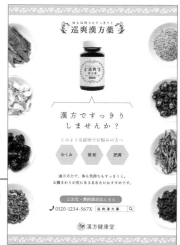

D 配合視線動向
的版面結構
便於閱讀！

加入明淨的窗邊照作為背景。
強調清新自在的氛圍，
給人明亮正面的印象。

❶ 標語和說明文採取波浪般的曲線狀配置，帶出柔軟與親近的印象，營造出一種關懷有煩惱的人的感覺。

❷ 為減少強迫別人買單的感覺，文字選用溫和的棕色，並使用圓黑體來塑造沉穩的印象。

MINI LESSON

文字
- 曲線狀配置 -

較長的文章採曲線狀配置，可以帶來有如風吹的意象，醞釀溫柔的氣氛。

也可以呈現吹口哨、哼歌般心情愉悅的感觸。

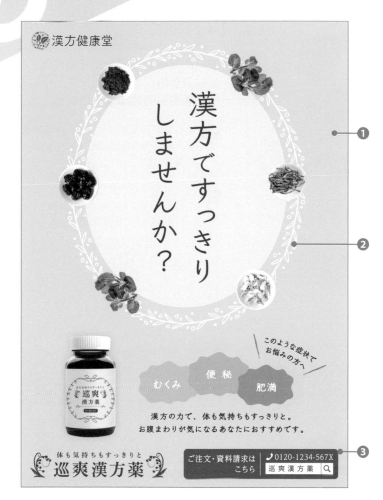

特別強調問句形式的標語！
讓懷著煩惱的目標客群，
感覺我們正對著他們說話。

1 明亮的綠色可以帶來健康的印象。

2 加入植物插圖可以增加自然感，也能
令人感覺親近。

3 訂購、索取資料的資訊則與其他部分
使用不同顏色，且選擇較保守的尺
寸，避免存在感過於突出。

MINI LESSON

配色
- 顏色的印象 綠色 -

綠色經常讓人聯想到大自然與植物，
可以表現出沉靜、清新、安詳的意
境。也因此經常能看見販賣衛生用品
的企業或相關商品、餐飲店在LOGO上
使用綠色。

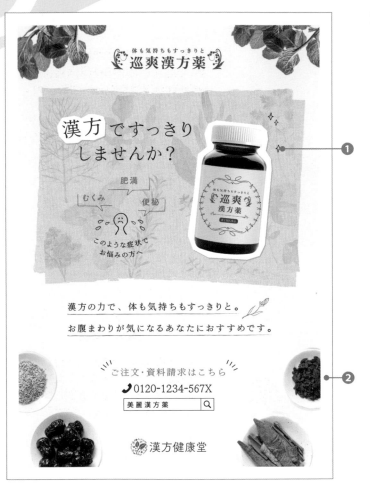

布料的質感可以給人自然的感覺！
整體設計形式親切近人，
可以增進觀看者閱讀傳單的慾望。

1 為了讓大家能抱著輕鬆的心情拿起來看，我用了手繪的插圖來減少晦澀的感覺。

2 四周留白，可以增加紙面的明亮度與清新感。

MINI LESSON

裝飾效果

- 布料 -

布料的質地分成很多種，帆布質地可以給人自然且樸素的印象，牛仔布質地給人休閒且青春的印象，至於絲質和緞面則具備了華貴的印象。每種質地給人的感受都不一樣。

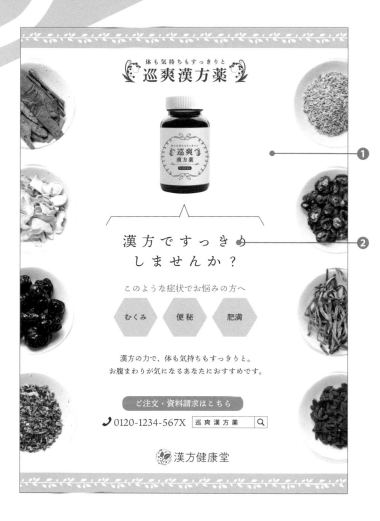

PRESENTATION

符合視覺動線的自然編排，
讓人能由上而下流暢閱讀資訊，
進而引導觀看者訂購、索取資料。

1 左右並排的各種藥材照片與集中於中央資訊之間留下較寬的空白，幫助觀看者自然由上往下閱讀。

2 標語部分特別加寬字距，加深印象。

MINI LESSON

構成
- 視線的動向 -

人在觀覽紙面或畫面時，最自然的視線移動方向為由上至下。若文字為橫書，便會由左上開始走Z字形往右下，而直書的情況則是由右上走N字形往左下移動。

橫書Z字形　　**直書N字形**

腳踏車活動的傳單

年年都會舉辦的腳踏車活動「CYCLE FESTA」今年也將如期舉行，想請各位設計一份活動傳單。
以往參加者有超過8成都是成年男性，不過兒童與全家大小一同參與的情況也有增加的趨勢。

 **客戶需求表**

客戶名稱

客戶名稱	規格
CYCLE FESTA 執行委員會	A5 橫向

客戶名稱

主要瞄準 20 ～ 49 歲的男性與其家人

客戶的希望

快樂的氛圍，而且是男性瞄到時容易拿起來細看的設計

應具資訊

- ·活動名稱
- ·活動日程
- ·URL
- ·說明文字

提供資訊

〔照片〕

〔其他〕

文案資料

主要設計給男性看
而且要夠歡樂啊……

我也想參加
看看這個活動！

如果多一點
迫不及待的感覺
會不會比較好？

在配色上多花點
心思或許成效不錯

看看大家的成品！ ➡

LAYOUT VARIATION

增加一些
可愛插圖
提高興致！

時髦且
熟悉的
復古風！

銀灰色系
能完美體現
成人的朝氣！

加入部分
棋盤格花紋
點綴輕鬆感！

183

PRESENTATION

增加插圖以表現歡樂的氣氛！
製造明亮氛圍，一家大小都會覺得有趣。

1 活動名稱跳脫常見既有框架，以緞帶的模樣來呈現。文字選擇形式單純的無襯線字體，帶給觀看者陽光健康的印象。

2 左側以藍天為意象，塗滿水藍色並加上山與雲的插圖，表現出騎乘腳踏車破風的痛快感。

PRESENTATION

極力縮減使用色數,打造老派風格。
使用清新的亮綠色,令人聯想到大自然的綠與風。

❶ 活動標題選用特色強烈的設計
字體,並以斜體呈現,做出躍
動感。

❸ 黑白色調中重點使用黃色,可
以達到強調效果。

❷ 框架線條偏粗,可以加強版面
的整體感。

MINI LESSON

文字
- 歐文設計字體 -

又稱顯示字體(Display Fonts),原
本是用在海報、招牌上的標題文字字
體,具有非常華麗的裝飾與效果,用
意是為了引人注目。

Serifa Stencil D Bold
Display font

Hobeaux Rococeaux Regular
DISPLAY FONT

185

PRESENTATION

銀灰色系非常適合營造成人的活潑感！
特別注重「興奮感」的表現，讓人期待活動當天的到來。

1 不使用黑色而用炭灰色，可以維持整體色調統一，做出比較成熟的配色。

2 活動名稱設計成具象徵意義的LOGO風，既美觀又有趣。

3 底部加上一整片風景的剪影來取代單調的色塊，並將資訊整理在這裡。

MINI LESSON

配色
- 炭灰色 -

炭灰色（Charcoal Grey）是灰色系裡較接近黑色的深灰色，不過比黑色多了一分纖細，可以表現比較細微的感受。

灰色	炭灰色	黑色

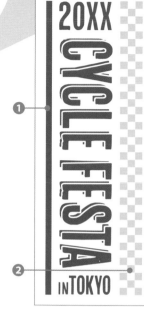
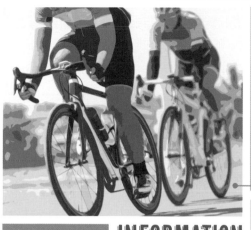

PRESENTATION

加入格紋可以增加休閒感。
利用裝飾效果與字體，統整出俏皮卻架構紮實的版面。

1 如拼圖般拼湊各種四方型物件，建構出工整紮實的版面，風格就會比較男性。

2 為避免版面索然無味，加入格紋來提升活潑度。

3 照片修成插畫風，以配合整份設計的風格。

MINI LESSON

照片
- 插畫風濾鏡 -

太過鮮艷或真實的照片，可能會碰到無法融入設計的問題。這時將照片修飾成插畫的風格也不失為一個解決辦法。

 ▶

- 店面 POP 版面 -

中藥的夾頁傳單很受青睞，所以對方也希望請我來設計該商品的店面POP。
由於這次的規格採用刀模，所以我想好好利用刀模的特性來進行設計！

LAYOUT POINT

想像消費者實際使用的狀況
對於設計師來說也很重要呢

❶ 活用刀模輪廓變化較自由的特性，讓商品照片和對話框的部分穿出版面，做出動感十足的設計，吸引目光。

❷ 傳單上強調的是「漢方」兩個字，不過換作店裡，商品本來就會放在販賣漢方中藥的賣場，所以我改強調「すっきり」（煥然一新）的部分。

6

OTHER

CASE 28
家居用品商場重新開幕的廣告傳單

我們商場已經翻修完畢，準備重新開幕，所以想請各位製作一份廣告傳單。
除了店內形象照片，我們也提供多款商品的照片，不必全部用上沒關係。

 客戶需求表

客戶名稱	規格
POWER INTERIOR	A4 縱向

目標客群
20 ～ 49 歲男女，不論單身或已成家

客戶的希望
男性女性都能輕易接受的設計

應具資訊
- 店鋪 LOGO
- 開店日期
- 地址、電話號碼、URL
- 地圖
- 說明文字

提供資訊
〔照片〕

〔其他〕

地圖、文案資料

好嚮往能擁有
這麼漂亮的房間喔～

也就是說要做出
男女通用的設計囉

照片這麼多
讓人好猶豫

想要好好整理
這麼多的照片
那個方法或許不錯……

看看大家的成品！

LAYOUT VARIATION

A

充分展現
漂亮房間
的魅力!

B

提高文字的
JUMP 率
大大強調!

C

使用大量的
照片來打造
熱鬧氣氛!

D

利用網格系統
編排而成的
的報紙風!

PRESENTATION

放大閃閃動人的房間照片。
令人產生憧憬，
點燃購物慾望！

1 刻意裁切掉照片左半部，不讓整張沙發出現版面上，可以創造一股寬闊感。

2 背景右側鋪上一片較淡的藍色，與沙發的深藍色達到視覺上的平衡。

MINI LESSON

照片
-裁掉部分照片-

將照片的某一部分裁掉，不僅能消除侷促感，令畫面看起來更寬闊，還可以刺激觀看者的想像力，進而催生期待。

裁切掉鳥飛行的方向，讓人感覺到天空的遼闊。

令人忍不住想像女性望去的方向、左右有著什麼樣的風景。

PRESENTATION

大膽地放大「RENWEAL OPEN」。
毫不客氣提高JUMP率，
製作出強弱分明的設計。

1 選擇風格簡單的無襯線體，即便放大
文字也不會令人不勝其擾。

2 時間與日期也是重要資訊，所以利用
反白效果，避免訊息埋沒在大量資訊
中。

3 整體配色為藍色系，所以選擇紅色茶
壺和小沙發等商品的照片作為強調
色，可以加強整體結構。

MINI LESSON

文字
-JUMP率-

文字的JUMP率，主要是指本文文字與
標題文字尺寸之間的落差程度。

JUMP率高	JUMP率低
SALE	Menu
お得な5日間	3種のオードブル
最大75%off!!	季節のスープ
	特選牛フィレのステーキ
	フルーツ盛り合わせ
印象強烈且生動。	知性且優雅的印象。 還能營造高級感。

對方提供的所有照片都拿來用！
設計成熱鬧無比的模樣，
讓人看了就想尋找自己喜歡的商品。

❶ 去背的照片加上手繪風插圖，進一步
襯托商品的魅力。

❷ 為避免中央的重要資訊與周圍一圈裝
飾用的照片＆插圖混在一起，中央背
景部分選擇白色，整體輕重更加明
確。

MINI LESSON

裝飾效果
-手繪風插圖-

即使同樣是手繪風格，畫得多Q（變形
程度多大）、線條多粗多細，都會影
響到呈現出來的感覺。

ILLUSTRATION

細線條、變形程度
較小，可以營造出
成熟但不失可愛的
印象。

Illustration

粗線條、變形程度
較大，會給人一
種較輕鬆活潑的印
象。

PRESENTATION

善用網格系統打造工整版面。
宛如報紙的配置方式，
讓大量資訊更美觀！

1 建立一項通用規則：標題上下各拉
一條線。我想讓版面有整體感，所以
增加了文字「ENJOY YOUR SHOP-
PING」來取得架構平衡。

2 為避免整體流於單調，我還加入了去
背的照片。此外也需想辦法維持網格
的架構，因此我將2張搭起來接近四方
形的去背照片擺在一起。

MINI LESSON

構成
-網格系統-

網格系統即是將紙面分割成無數格子
狀，做成網格，並以此為基準來決定
物件位置的手法。

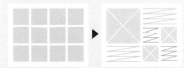

先劃分好均等的方　　參考網格的位置來
正網格。　　　　　　編排影像與文字。

CASE 29
花店週年慶的活動 DM

店裡即將舉辦3週年紀念活動，想請各位設計一份會員專屬的DM。
我們有一個自己設計，經常用在廣告傳單上的蕾絲花紋，希望這次的DM也能加入這個花紋。

✎ 客戶需求表

客戶名稱	規格
Bouquet Gift	明信片 縱向

目標客群
主要為 20 ～ 49 歲的女性（持卡會員）

客戶的希望
符合蕾絲的感覺，典雅成熟的設計

應具資訊
- 店鋪 LOGO
- 活動期間
- 地址、電話號碼、URL
- 說明文字

提供資訊
〔照片〕

〔其他〕
文案資料

花圈的配色
好細膩，真漂亮！

雖然說要典雅
但我認為還是免不了一點花俏

再怎麼說
都是花店嘛～

花俏的比重
是關鍵呢

看看大家的成品！ ➡

LAYOUT VARIATION

A

用米色與黑色
打造典雅的版
面展現花圈魅
力！

B

選擇文靜且
柔和的表現
帶出優雅感！

C

選用歐式
相框造型
成熟又可愛！

D

整體色調為
黯淡粉彩色
別緻優雅！

197

整體僅用米色與黑色，
做出優雅又成熟的風貌，
襯托配色細膩的花圈。

① 花圈的照片裁切成正方形，不僅看起來美觀，也彷彿具有一種象徵性。

② 文字與裝飾都採用黑色細線條，可以表現出沉穩文靜的印象，也可以使文字內容強弱分明。

MINI LESSON

照片
-正方形-

在一般人的印象中，照片都是長方形居多，因此裁切成正方形可以加深觀看者的印象。加上現在社群媒體風行的影響，正方形照片也能讓人感覺時髦、新潮。

DAILY LIFE THING

雖然只是並列正方形照片，卻給人十足的流行感。

柔美溫和的表現十分淑女。
強調3週年資訊的同時，
也利用沉靜的配色塑造高雅氣氛。

1 以照片為背景，引領觀看者走進花店
的世界，並模糊照片周圍來增添纖細
的感覺。

2 主要字體使用襯線體，版面整體就會
呈現一股古典的氛圍。

MINI LESSON

文字
-襯線體-

使用襯線體，除了會產生古典、優雅
的印象外，還會帶來高級感、成熟
感、正式、嚴肅、誠實等印象。

Kepler Std
Elegant & Luxury

IM FELL Double Pica
Formal & Serious

歐洲風格的相框結合蕾絲花邊，
既成熟又可愛！
注重活動特殊性質的DM。

1 畢竟是一年一度的週年慶，我選擇使用華麗的相框效果來增加特別感，與平時做出區別。偏淡的配色也可以營造出高雅的氣氛。

2 整體採冷灰色調的粉紅色系朦朧感配色，沉靜與可愛並立。

3 為保持文字可讀性，我選擇在白色的背景上簡單配置。

MINI LESSON

配色
-camaieu／faux camaieu-

camaieu為使用色之色相與色調度相近的配色模式，至於faux camaieu則是兩者色相與色調相差較多的配色模式。不管是哪種模式，都會形成難以言喻的風貌，表現出朦朧且纖細的感觸。

camaieu配色　　　　faux camaieu配色

PRESENTATION

整齊俐落的漂亮版面。
以黯淡的粉彩色打造別緻印象,
帶來成熟的時髦感。

1 花圈和花籃的款式令人眼花撩亂,為了讓紙面整齊有序,我將照片裁切成四方型並置中對齊,看起來有條不紊。

2 色塊與照片穿插配置,可以在規律之中點綴一份華麗感。

3 淺灰色調使版面整體帶有素雅的印象。

MINI LESSON

配色
-淺灰色調-

淺灰色調雖然暗沉,卻也擁有柔和、安穩的特質,可以給人一種格調高雅的印象。

雜貨店的免費報紙

我們決定每個月推出一份免費報紙來介紹新商品，所以要麻煩各位設計第一期的報紙！
報紙會放在店內的專用層架和收銀機旁，讓顧客自行索取。

客戶需求表

客戶名稱	規格
PLUS+	A4 縱向

目標客群
10 ～ 29 歲的年輕女性

客戶的希望
符合流行且活潑，類似時尚雜誌的設計

應具資訊
- 店名
- 免費報紙用 LOGO
- 地址、電話號碼、URL
- 說明文字

提供資訊

〔照片〕

PLUS+ FREE PAPER
APREL.20XX

〔其他〕
　文案資料

都是一些
俏皮可愛的
日用品呢！

用色很明確
只有粉紅與粉藍

明亮的色調
感覺很有朝氣

我先買本時尚雜誌
參考一下……！

看看大家的成品！➡

LAYOUT VARIATION

A

重視商品照片
對比鮮明
的版面！

B

豪邁地編排
標題文字
吸引目光！

C

利用可愛的
塗鴉風插畫
打造俏皮感！

D

刻意顯示出沿
點描繪的格線
增加活潑度！

PRESENTATION

重視商品照片，對比鮮明的版面！
最大限度發揮可愛雜貨的魅力，
想辦法吸引顧客目光。

❶ 有背景的照片可以表現出店內甜美的
氣氛，所以這種照片我就不會去背。
同時我也有留意那些照片與去背照片
之間的強弱分別。

❷ 為了讓照片有足夠的空間配置，我將
文字資訊整理在底部。

❸ 配合照片，選擇亮色調的配色，版面
既明亮又鮮活。

MINI LESSON

配色
-亮色調-

亮色調是在純色中加入少許白色而形
成的顏色，視覺上清晰亮彩。亮色調
一般會給人健康的印象，還有熱鬧、
外向的感覺。

PRESENTATION

讓標題文字成為目光焦點。
擺在店面存在感十足，
一定能吸引到顧客的目光。

1 粉紅色系商品的背後用祖母綠色、粉藍色系商品的背後用粉紅色的色塊，拼湊出熱鬧歡騰的印象。

2 用藍色替商品說明文字標記重點，達到強調效果，同時還能解決並列太多小型文字時容易看起來平板無趣的問題。

MINI LESSON

裝飾效果
-重點標記-

用色塊替文字畫重點，可以發揮強調作用，讓設計產生強弱對比。標記形式不同，也會產生不同的印象，例如螢光筆筆觸可以營造宛如在筆記本上畫重點般的紙本感，而做成在電腦上選取文字時的模樣，則會給人一種數位感。

紙本感	數位感
容易親近	精明幹練
平易近人	俐落美觀
自在的印象	很有現代感

隨手塗鴉般的插畫看起來很歡樂。
感覺年輕女孩會很喜歡
這種貼近生活的設計。

1 使用女孩子塗鴉般的手繪插圖，一口氣提升親近感。

2 為了讓畫面再鮮艷一點，我疊合部分色塊，做出生動活潑的背景。粉紅與粉藍的組合容易讓人覺得孩子氣，不過只要多留一些空白，還是可以很時尚。

MINI LESSON

配色
-色數-

基本上色數越多，版面的感覺也越熱鬧，越少則越安靜。若要搭配數種比較張揚的顏色，可以減少色數，避免整體看起來過於紛亂。

PRESENTATION

利用格線做出活潑的感覺。
不但仔細介紹了商品，
還讓版面看起來生動又時尚。

1 使用較粗的線條，就會有活潑的感覺。

2 字型選擇易讀的較粗黑體，氣氛較輕鬆。

3 背景鋪滿櫻花色的圓點，表現出季節感與歡愉的感受。

MINI LESSON

文字
-黑體-

黑體是一種線條粗細均一，可讀性非常高的字型。依用途區分粗細，像標題這種欲強調的部分可以加粗，至於內文等較長的文章則使用細線條，如此一來版面就會十分安定，且易於閱讀。

りょうゴシック PlusN
細いゴシック体でおしゃれに

平成角ゴシック Std
太いゴシック体で安定感

MOMOKO'S DESIGN

我擅長設計以照片為主
重視視覺效果的作品！

我認為
設計最重要的地方
在於給人的第一印象。

P020

Alternate Gothic No2 D Regular
ABCabc123

P026

漢字タイポス４１５ Std R
あア亜Aa123

介紹設計中主要使用的字體

P032

American Scribe Regular
ABCabc123

P044

DNP 秀英丸ゴシック Std B
あア亜Aa123

P058

Voltage Regular
ABCabc123

P070

FOT- クレー Pro DB
あア亜Aa123

P076

A-OTF UD 黎ミン Pr6N L
あア亜Aa123

P082

貂明朝 Regular
あア亜Aa123

P096

漢字タイポス４８ Std R
あア亜Aa123

P102

VDL 京千社 R
あ刀亜Aα123

P114

DNP 秀英四　かな Std M
あア亜Aa123

P120

American Scribe Regular
ABCabc123

P134

※メインの文字は手描き

P140

貂明朝 Regular
あア亜Aa123

P166

FOT- 筑紫A丸ゴシック Std B

あ ア 亜 Aa123

P172

小塚明朝 Pr6N M

あ ア 亜 Aa123

P178

FOT- 筑紫A丸ゴシック Std B

あ ア 亜 Aa123

P192

Balloon URW Light

ABCabc123

P198

Sheila Bold

ABCabc123

P204

Program Nar OT Regular

ABCabc123

P038

Trajan Pro 3 Regular

ABCABC123

P050

※ メインの文字は手描き

P064

FOT- クレー Pro DB
あア亜Aa123

P088

貂明朝 Regular
あア亜Aa123

P108

A-OTF 太ミン A101 Pr6N Bold
あア亜Aa123

P126

FOT- 筑紫B丸ゴシック Std B
あア亜Aa123

P146

DNP 秀英丸ゴシック Std B
あア亜Aa123

P152

Iskra-Regular
ABCabc123

P160

A-OTF 見出ミン MA31 Pr6N MA31
あア亜Aa123

P184

Nobel Bold
ABCabc123

AOYAMA'S DESIGN

我的設計大部分
都是以文字為主的
直接表現。

我認為將要表達的事情
清楚明瞭地表現出來
是最重要的！

P021

Modesto Condensed Bold
ABCABC123

P027

貂明朝 Regular
あア亜 Aa123

介紹設計中主要使用的字體

P033

Charcuterie Serif Bold
ABCabc123

P045

Objektiv Mk1 XBold
ABCabc123

P059

Sheila Bold
ABCabc123

P071

貂明朝 Regular
あア亜 Aa123

P077

紹明朝 Regular

あア亜 Aa123

P083

FOT- 筑紫B丸ゴシック Std B

あア亜 Aa123

P097

紹明朝 Regular

あア亜 Aa123

P103

A-OTF UD 黎ミン Pr6N L

あア亜 Aa123

P115

A-OTF 太ゴ B101 Pr6N Bold

あア亜 Aa123

P121

Dogma OT Bold

ABCabc123

P135

※ メインの文字は手描き

P141

DNP 秀英明朝 Pr6 B

あア亜 Aa123

P167

VDL アドミーン R

あア亜Aa123

P173

TA- ことだま R

あア亜Aa123

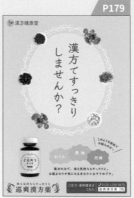

P179

FOT- クレー Pro DB

あア亜Aa123

P193

Alternate Gothic No2 D Regular

ABCabc123

P199

貂明朝 Regular

あア亜Aa123

P205

Objektiv Mk1 XBold

ABCabc123

P039

Copperplate Light

ABCABC123

小塚ゴシック Pr6N R

あア亜Aa123

貂明朝 Regular

あア亜Aa123

Ro サン Std-M

あア亜Aa123

貂明朝 Regular

あア亜Aa123

FOT- 筑紫A丸ゴシック Std B

あア亜Aa123

小塚ゴシック Pr6N H

あア亜Aa123

※ メインの文字は手描き

DNP 秀英アンチック Std B

あア亜Aa123

LTC Broadway Engraved

ABCabc123

CURRIE'S DESIGN

我的設計
最大的特色就在於
親切又輕鬆的小品感。

我認為設計的重點
在於觀看者容不容易接受。

P022

Charcuterie Etched Regular

ABCabc123

P028

Charcuterie Etched Regular

ABCabc123

介紹設計中主要使用的字體

P034

Active Regular

ABCabc123

P046

Charcuterie Etched Regular

ABCabc123

P060

A-OTF UD 新ゴ Pr6N L

あア亜Aa123

P072

FOT- 筑紫A丸ゴシック Std B

あア亜Aa123

FOT- クレー Pro DB

あア亜Aa123

VDL アドミーン R

あア亜Aa123

FOT- 筑紫A丸ゴシック Std B

あア亜Aa123

詔明朝 Regular

あア亜Aa123

詔明朝 Regular

あア亜Aa123

Liza Display Pro Regular

ABCabe123

TB シネマ丸ゴシック Std M

あア亜Aa123

VDL ロゴナ R

あア亜Aa123

漢字タイポス４１５ Std R

あア亜Aa123

VDL メガ丸 R

あア亜Aa123

VDL Ｖ７明朝 L

あア亜Aa123

Cortado Regular

ABCabc123

Rollerscript Smooth

ABCabc123

Active Regular

ABCabc123

Rollerscript Smooth

ABCabc123

P052

どんぐりかな R

あいうアイウabc

P066

漢字タイポス48 Std R

あア亜 Aa123

P090

TB シネマ丸ゴシック Std M

あア亜Aa123

P110

りょう Text PlusN R

あア亜Aa123

P128

TB ちび丸ゴシック PlusK Pro R

あア亜Aa123

P148

Ro サン Std-M

あア亜 Aa123

P154

Charcuterie Serif Bold

ABCabc123

P162

A-OTF 太ゴ B101 Pr6N Bold

あア亜 Aa123

P186

EnglishGrotesque Thin

ABCabc123

SHION'S DESIGN

我比較擅長
對齊、工整的風格。

如何正確且無礙地
傳遞欲傳達的資訊，
是設計的基礎！

P023

Bitter Bold
ABCabc123

P029

Charcuterie Etched Regular
ABCabc123

介紹設計中主要使用的字體

P035

TA-ことだまR
あア亜Aa123

P047

EnglishGrotesque Thin
ABCabc123

P061

Futura PT Cond Book
ABCabc123

P073

A-OTF UD 黎ミン Pr6N L
あア亜Aa123

P079

TA- ことだま R

あア亜 Aa123

P085

TB ちび丸ゴシック PlusK Pro R

あア亜 Aa123

P099

TA- ことだま R

あア亜 Aa123

P105

VDL 京千社 R

あア亜 Aa123

P117

DNP 秀英アンチック Std B

あア亜 Aa123

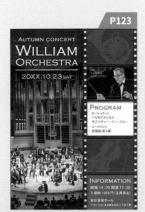

P123

Copperplate Light

ABCABC123

P137

VDL メガ丸 R

あア亜 Aa123

P143

DNP 秀英アンチック Std B

あア亜 Aa123

P169

貂明朝 Regular

あア亜Aa123

P175

TB ちび丸ゴシック PlusK Pro R

あア亜Aa123

P181

貂明朝 Regular

あア亜Aa123

P195

Program Nar OT Regular

ABCabc123

P201

Youngblood Regular

ABCabc123

P207

Alternate Gothic No2 D Regular

ABCabc123

P041

Kepler Std Italic

ABCabc123

FOT- 筑紫 A 丸ゴシック Std B

あア亜Aa123

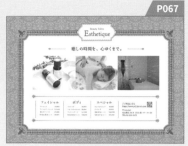

DNP 秀英四　かな Std M

あア亜Aa123

小塚ゴシック Pr6N H

あア亜Aa123

A-OTF UD 黎ミン Pr6N L

あア亜Aa123

りょうゴシック PlusN R

あア亜Aa123

TB カリグラゴシック Std E

あア亜Aa123

Alternate Gothic No2 D Regular

ABCabc123

小塚ゴシック Pr6N H

あア亜Aa123

Cheap Pine Regular

ABCABC123

Power Design

活動據點設於東京的一間設計公司。https://www.powerdesign.co.jp
公司裡約有20名常駐設計師，主要於平面設計、產品設計兩大領域發揮各自所長。

【參考文獻】
甲谷 一 「ABC案のレイアウト　1テーマ×3案のデザインバリエーション」 誠文堂新光社　2013
株式会社フレア 「なっとくレイアウト　感覚やセンスに頼らないデザインの基本を身につける」 エムディエヌコーポレーション　2015
ingectar-e 「けっきょく、よはく。　余白を活かしたデザインレイアウトの本」 ソシム　2018

TITLE

比稿囉！設計智囊團全員集合！

STAFF		ORIGINAL JAPANESE EDITION STAFF	
出版	瑞昇文化事業股份有限公司	著者	Power Design Inc.
作者	Power Design Inc.	裝丁・本文・DTP	中村 敬一/齋藤 仁美/松永 尚子
譯者	沈俊傑		三浦 泉/布施 雄大/國井 あゆみ
			太田 ちひろ
總編輯	郭湘齡	写真協力	Adobe Stock
責任編輯	蕭妤秦	編　集	平松 裕子
文字編輯	徐承義　張聿雯		
美術編輯	許菩真		
排版	執筆者設計工作室		
製版	明宏彩色照相製版有限公司		
印刷	龍岡數位文化股份有限公司		

法律顧問	立勤國際法律事務所　黃沛聲律師
戶名	瑞昇文化事業股份有限公司
劃撥帳號	19598343
地址	新北市中和區景平路464巷2弄1-4號
電話	(02)2945-3191
傳真	(02)2945-3190
網址	www.rising-books.com.tw
Mail	deepblue@rising-books.com.tw

初版日期	2021年2月
定價	580元

國家圖書館出版品預行編目資料

比稿囉!設計智囊團全員集合!/Power
Design Inc.著；沈俊傑譯. -- 初版. --
新北市：瑞昇文化事業股份有限公司,
2021.02
228面；18.2 x 18.2公分
ISBN 978-986-401-470-5(平裝)

1.平面廣告設計 2.廣告製作

497.5　　　　　　　　110000415